壊死桿菌と牛の肝膿瘍

新城敏晴

大阪公立大学共同出版会

恩師　故 越智勇一先生に捧ぐ

まえがき

　牛の肝膿瘍はわが国においてもその発生は以前から知られていたが、ごく稀な感染症であった。濃厚飼料多給による短期育成法が採用されるにつれ、1970年台からわが国でも多発するようになり、多くの研究がなされた。

　牛の肝膿瘍の発症機構としては、濃厚飼料多給による第一胃内の異常発酵のためにルーメンアシドーシスとなり、それによる第一胃の不全角化症が第一胃炎に移行し、その結果生じた第一胃粘膜の損傷部から本症の主原因菌である*Fusobacterium necrophorum*が第一胃から門脈血に入り、肝臓に達して膿瘍を形成すると考える"Remenitis-liver abscess complex"説が広く支持されている。

　この説によれば、原因菌の肝臓への侵入が即肝膿瘍形成を意味するもので、幾つかの疑問が残る。すなわち、これまでの牛を用いた感染実験において、肝膿瘍には10^7個／ml程度の生菌数が必要であることが報告されている。*F. necrophorum*は牛の第一胃内には10^2～10^6個／ml、あるいは病変部で10^3～10^7個／ml程度の菌数しか存在しないこと、第一胃内から分離されるのは主として病原性の弱い菌群であるのに対し、肝膿瘍から分離される菌は病原性の強い菌群である。さらに、膿瘍形成の場として重要な意義を持つと考えられる肝臓側の要因が考慮されていないことなどである。

　著者は肝膿瘍形成機構には"Remenitis-liver abscess complex"の外に別の機構もあると考えている。すなわち、原因菌の肝臓への侵入（必要条件）と原因菌が増殖可能な肝臓側の条件即ち嫌気的環境の存在（十分条件）の2条件が満たされた場合には低菌数でも肝膿瘍が形成されるとする新しい形成機構の仮説の実証に重点を置いた。

　併せて牛の肝膿瘍の原因菌である*Fusobacterium necrophorum*の分類が確定されていなかったため、表現に混乱が見られた。本書では*Fusobacterium necrophorum*の新しい分類法についても紙数を割いた。

　現在は世界的に見れば肝膿瘍に関する総説や研究報告はあるものの、わが

国では肝膿瘍発生の報告や F. necrophorum に関する細菌学的な研究はほとんど見当たらない。しかしながら、筆者らの提案した新しい分類法は現在世界で広く採用されているので、その分類法の研究経過と肝膿瘍形成の新しい形成機構の考え方についても紹介しておく必要を感じていて、Ⅵ章では「牛の肝膿瘍形成に関与する宿主側および菌側の諸要因」については多くの観点から考察し、諸要因について記述した。また、Ⅶ章「予防法」についても多面的で総合的な考察の必要性を強く感じていたので、良い機会と思い紹介した。さらに、我が国には牛肝膿瘍についての成書も見当たらない。このような理由で敢えて本書を刊行することとした。

2015年7月14日（Le 14 Juilletの日に）

新城敏晴

目　　次

まえがき …………………………………………………………………… i

Ⅰ章　牛肝膿瘍の細菌学的研究 ………………………………………… 1
　　はじめに
　Ⅰ．肝膿瘍からの菌分離　3
　　1）定性培養
　　2）定量培養
　Ⅱ．膿瘍を形成している同一肝臓の膿瘍隣接部および
　　　　　　遠位部からの菌分離　5
　Ⅲ．第一胃内EOS菌の肝膿瘍への関与の検討　8
　Ⅳ．Ⅰ章の考察　9
　　　Ⅰ章の文献　12

Ⅱ章　分離菌株の分類学的研究 ………………………………………… 15
　　はじめに
　Ⅰ．生物学的分類　17
　　1）ニワトリ赤血球凝集性
　　2）溶血性
　　3）集落形態
　　4）菌形態
　　5）液体培地における発育性状
　　6）マウスに対する病原性
　　7）生物学的分類の考察
　Ⅱ．分子遺伝学的分類　26
　　1）新菌種*Fusobacterium pseudonecrophorum*の提案
　　2）*Fusobacterium necrophorum* subsp. *necrophorum*および
　　　　Fusobacterium necrophorum subsp. *funduliforme*の新 2 亜種の提案

3）ランダムプライマーを用いた両亜種の系統発生学的分析
　　4）両亜種の*gyrB*遺伝子のヌクレオチド配列の比較
　　Ⅱ章の文献　　35

Ⅲ章　種および亜種の同定・鑑別法 ……………………………………… 39
　はじめに
　Ⅰ．種および亜種の生物学的・生化学的同定法　　41
　　1）VPIマニュアル（Anaerobe Laboratory Manual）による種の同定法
　　2）API 20Aキットによる種の同定法
　　3）亜種の同定法
　Ⅱ．分子遺伝学的同定法　　42
　　1）RAPD-PCRによる牛病巣由来の*Fusobacterim necrophorum*の亜種の鑑別
　　2）実験感染マウス体内の*Fusobacterim necrophorum*のPCRによる検出同定法
　　Ⅲ章の文献　　47

Ⅳ章　病原因子 ……………………………………………………………… 49
　はじめに
　Ⅰ．溶血活性　　51
　　1）両亜種の寒天平板培地における溶血環の比較
　　2）両亜種の溶血活性の定量的比較
　　3）溶血活性の時間的推移
　　4）*In vivo*における定量的溶血活性の比較
　Ⅱ．赤血球凝集能　　59
　　1）*Fusobacterium necrophorum* subsp. *necrophorum*の赤血球凝集反応
　　2）ニワトリ赤血球凝集能の安定性
　　3）*Fusobacterium necrophorum* subsp. *necrophorum*の赤血球凝集能欠損株のマウス病原性

Ⅲ．*Fusobacterium necrophorum*の細胞付着能　66
　Ⅳ．疎水性　69
　Ⅴ．血小板凝集能　72
　Ⅵ．LPS　79
　　1）両亜種LPSの*in vivo*における血小板凝集活性
　Ⅶ．カタラーゼおよびSOD産生能　82
　Ⅷ．両亜種の被貪食性と細胞毒性　87
　　1）マクロファージによる両亜種の被貪食性と細胞毒性
　　2）両亜種のルミノール依存性化学発光
　Ⅸ．外膜タンパク　98
　　付）外膜タンパク免疫によるマウスにおける肝膿瘍予防の試み　…　106
　　　Ⅳ章の文献　107

Ⅴ章　マウスにおける肝膿瘍発症試験　……………………………………　113
　はじめに
　Ⅰ．腹腔内接種　115
　Ⅱ．尾静脈内接種　118
　Ⅲ．門脈内接種　122
　　1）*F. necrophorum* subsp. *necrophorum*接種実験
　　　(a) 全培養菌液接種
　　　(b) 洗浄菌液接種
　　　(c) 培養上清接種
　　2）*F. necrophorum* subsp. *funduliforme*接種実験
　　　(a) 全培養菌液接種
　　　(b) 洗浄菌液接種
　　　(c) 培養上清接種
　　3）*F. necrophorum* subsp. *necrophorum*の接種菌数と膿瘍形成の関係
　　4）寒天添加の肝膿瘍形成への影響
　　　(a) 寒天濃度と肝膿瘍形成率の関係
　　　(b) 寒天添加菌液の接種による肝膿瘍形成の経時的観察

5）CCl₄前処理マウスにおける*F. necrophorum* subsp. *necrophorum*
　　　感染による肝膿瘍形成
　　6）*F. necrophorum* subsp. *necrophorum* LPSのマウス肝臓毒性
　　　およびLPS前処理マウスへの同亜種洗浄菌液接種
　V章の文献　　152

Ⅵ章　牛の肝膿瘍形成に関与する宿主側および菌側諸要因 ……………　155
　はじめに
　Ⅰ．肝膿瘍形成に関与する宿主側要因　　157
　　1）ルーメン病変と肝膿瘍
　　2）ルーメン内エンドトキシンとエンドトキシンの門脈への移行
　　3）原因菌の門脈経由で肝臓への侵入
　　4）侵入菌の肝臓内増殖を可能にする肝臓側要因
　　　(a) LPSの肝臓障害
　　　　(ⅰ) 直接障害
　　　　(ⅱ) サイトカインを介する障害
　　　　(ⅲ) LPSによる微小循環障害
　　　　　　（血行傷害、血栓・栓塞、血小板凝集）
　　　　(ⅳ) 活性酸素
　　　(b) 血小板凝集による血栓形成
　　5）全身的な非健康状態の排除
　Ⅱ．肝膿瘍形成に関与する菌側因子　　171
　　1）原因菌の肝臓への侵入
　　2）原因菌の侵入後の生残に係わる菌側因子
　　　(a) カタラーゼおよびSOD
　　　(b) ロイコシジン
　　　(c) 溶血素（ヘモリジン）およびその他の酵素
　　　(d) LPSの抗貪食機能
　　　　(ⅰ) スムース型LPSは食細胞内生残に重要
　　　　(ⅱ) ファゴソームとリソソームの融合阻止

　　　　（iii）補体介在性殺菌に抵抗
　　　　（iv）宿主の免疫応答障害
　　　　（v）食細胞の脱顆粒阻止
　　　　（vi）酸化的バースト阻止
　　3）肝臓における原因菌の増殖開始に係わる因子
　　　　（a）低酸化還元電位部の存在
　　　　（b）付着素
　　4）病巣拡大に働く毒性因子
　　　　（a）溶血素（ヘモリジン）
　　　　（b）ロイコシジン
　　　　（c）その他の酵素
　　Ⅵ章の文献　　179

Ⅶ章　予防法　………………………………………………………　185
　はじめに
　Ⅰ．感染源対策（原因菌対策）　　187
　　1）抗生物質の飼料添加による第一胃内の原因菌の制御
　　2）ルーメンアシドーシスの予防による原因菌の増殖制御
　　3）エセンシャルオイル投与による第一胃内原因菌の制御
　Ⅱ．感染経路対策　　189
　　1）原因菌の門脈内侵入防止
　　2）ルーメンアシドーシスの予防
　Ⅲ．宿主対策　　190
　　1）ルーメンアシドーシス対策
　　　　（a）抗菌剤投与による乳酸産生菌の制御
　　　　（b）エセンシャルオイル投与による乳酸産生菌の制御
　　　　（c）生菌剤投与によるルーメンの発酵正常化
　　　　（d）乳酸産生菌に対する免疫
　　　　（e）*Streptococcus bovis*抗体投与による乳酸産生菌の制御
　　　　（f）重曹などによるルーメン内pHの調整

（g）異物による炎症反応の防止
　　2）肝臓障害因子の除去
　　　（a）ルーメン内エンドトキシンの産生抑制
　　　（b）エンドトキシンの肝臓への移行抑制
　　3）免疫学的予防
　　　（a）全菌（生菌、死菌）による免疫
　　　（b）培養上清による免疫
　　　（c）細胞質分画トキソイドによる免疫
　　　（d）*F. necrophorum*の抗体投与による肝膿瘍の重症化防止
　　　（e）*Arcanobacterium pyogenes-Fusobacterium necrophorum*トキソイド
　　　　　ワクチンによる免疫
　　4）宿主の免疫能増強
　　　（a）エセンシャルオイルによる免疫能増強
　　5）牛の飼育管理
　　　（a）ビタミンAの補給
　　Ⅶ章の文献　　198

索　引 ……………………………………………………………………… 204

あとがき …………………………………………………………………… 211

著者紹介

Ⅰ 章

牛の肝膿瘍の細菌学的研究

はじめに

　牛の肝膿瘍はわが国においても以前からから知られていた（Yamamoto, 1938）が、発生の少ない感染症であった。しかし、濃厚飼料多給による短期育成法が採用されにつれ、わが国でも本症が多発するようになった。南九州でも1970年代になって、食肉検査所において肝膿瘍形成牛が多数見られるようになった。これまでの肝膿瘍の細菌学的研究においては、*Fusobacterium necrophorum*を菌種レベルで主原因菌とする報告はあった。*F. necrophorum*には病原性の異なる2生物型に分類されるが、出現菌を生物型レベルで同定した報告は我が国にはない。そこで、宮崎および鹿児島の食肉検査所で収集した肝膿瘍の細菌学的検索を行い、*F. necrophorum*につては生物型も決定してより細かい原因菌の究明を試みた。

　また、牛肝膿瘍の主原因菌と考えられている*F. necrophorum*は非膿瘍部にも存在することは知られているが、その部における*F. necrophorum*の生物型を特定した分離報告はない。膿瘍部と非膿瘍部における主原因菌である*F. necrophorum*生物型Aおよび混合感染菌の存在状態を比較検討することは、肝膿瘍形成の発症メカニズムを解明する上で重要なことだと考えた。

　さらに牛肝膿瘍の原因菌は第一胃から門脈を経て肝臓に侵入すると考えられている（Jensen *et al.*, 1954）。牛の第一胃には常用の嫌気性培地と嫌気培養法では分離されない酸素高感受性（Extremely oxygen sensitive-EOS）菌の種々の嫌気性菌が生息しているが、このような菌の肝膿瘍への関与は検討されていない。EOS菌についても分離を試みた。

Ⅰ. 肝膿瘍からの菌分離

　宮崎県および鹿児島県の食肉検査所で採取した120例の肝膿瘍の細菌検査を実施した。そのうち92例の膿瘍は直接塗抹培養法により、残りの28例は定量的に菌分離を行った。好気性菌の分離には5％牛血液加トリプトソイ寒天

培地（栄研化学）、マンニット食塩培地（同）、DHL寒天培地（同）およびサブロー寒天培地（同）を、嫌気性菌の分離には、BM寒天培地（中村ら、1974）、変法FM培地（日水製薬）およびバクテロイデス培地（同）を用いた。

　出現菌のうち、嫌気性菌はVPI Manual（Holdeman *et al.*, 1977）により菌属あるいは菌種の同定を行い、*F. necrophorum*については Fievez（1963）により生物型を決定した。好気性菌はCowan and Steel's Manual（Cowan, 1974）により菌属あるいは菌種を同定した。

1）定性培養

　膿瘍の直接塗抹培養法により実施した92例の全ての膿瘍から菌が分離された。培養結果を菌の出現パターンにより分類し、その例数と合わせて表Ⅰ-1に示した。全例から*F. necrophorum*の何れかの生物型が分離された。*F. necrophorum*生物型Aが85例（92％）から分離され、その内49例（53.3％）では純培養状であった。*F. necrophorum*生物型Bは18例から分離され、その内1例が単独分離で、*F. necrophorum*生物型Aおよび*F. necrophorum*生物型Bが同時に分離されたのは11例（12.0％）であった。*F. necrophorum*以外では*Streptococcus*属が23例（25％）から、*Arcanobacterium pyogenes*が10例（11％）から分離されたが、すべて*F. necrophorum*の何れかの生物型との同時分離であった。

2）定量培養

　定量培養を実施した28例の培養結果は表Ⅰ-2に示した。*F. necrophorum*生物型Aはすべての膿瘍から高菌数で分離され、そのうち12例では純培養状であった。*F. necrophorum*生物型Bは6例から分離されたが、すべて*F. necrophorum*生物型Aとの混在であった。その他の菌として、*Streptococcus*属（9例）、*A. pyogenes*（6例）、*Peptpcoccus*属（5例）、*Bacteroides*属（4例）などであった。

表Ⅰ-1　肝膿瘍からの菌分離状況

出現パターン番号	出現パターン	例数	
1	Fn A	49	
2	Fn A＋Fn B	7	
3	Fn A＋Str.	7	
4	Fn A＋A. p.	1	
5	Fn A＋Fn B＋Str.	2	
6	Fn A＋Fn B＋Str.＋A. p.	1	92.4%
7	Fn A＋その他の菌	10	
8	Fn A＋Str.＋その他の菌	2	
9	Fn A＋Str.＋A. p.	3	
10	Fn A＋Str.＋A. p.＋その他の菌	2	
11	Fn A＋Fn B＋Str.＋その他の菌	1	
12	Fn B	1	
13	Fn B＋Str.	2	
14	Fn B＋Str.＋A. p.	2	7.6%
15	Fn B＋Str.＋その他の菌	1	
16	Fn B＋A. p.＋その他の菌	1	
		92	100%

Fn A : *Fusobacterium necrophorum* 生物型 A　　A. p. : *Arcanobacterium pyogenes*
Fn B : *Fusobacterium necrophorum* 生物型 B　　（新城、1986より転載）
Str. : *Streptococcus*

　上記の結果から牛肝膿瘍の主原因菌は*F. necrophorum*生物型Aであることが確認された。

Ⅱ．膿瘍を形成している同一肝臓の膿瘍隣接部およびび遠位部からの菌分離

　前項で述べた定量的細菌培養を行った28例のうち材料番号1～21については膿瘍隣接部を、材料番号1～9については膿瘍遠位部の培養も行い、前項の膿瘍部の培養結果も含めて三者の菌分布を比較した。

　膿瘍部の菌分離成績はすでに表示（表Ⅰ-2）した通りで、その中の21例の膿瘍近接部の分離結果は表Ⅰ-3に示した。近接部でも分離例数が最も多かったのは*F. necrophorum*生物型Aの13例（10^2～10^5cfu/g）で、その中の5

表 I-2 肝膿瘍からの菌分離成績

材料番号	F. necrophorum 生物型A	生物型B	Bacteroides	Peptococcus	Streptococcus	A. pyogenes	Bacillus	Entero.	その他の菌
1	8.9[1]		8.4			7.7		3.4	9.2
2	8.8								
3	6.8								
4	8.9								
5	8.4					9.6			
6	8.6								
7	8.0								
8	7.0								
9	8.6		8.9						
10	7.3	8.2	8.3		8.0				
11	9.2			8.4	9.3				
12	8.9	8.9			9.9				
13	8.7								
14	7.8	8.0			8.3	8.6			4.9
15	8.8				8.8	8.2		5.7	
16	7.3	7.6		9.4					
17	8.6						6.6		
18	7.8								
19	8.8						6.3		
20	8.9								
21	9.2								
22	9.1			8.4	9.3				
23	8.9			8.3	8.7				
24	8.7			8.7					
25	7.8	8.6			8.3	7.3			
26	8.4	7.6	9.4		8.8	8.6			9.2
27	7.8								
28	7.9								

F. necrophorum : Fusobacterium necrophorum

A. pyogenes : Arcanobacterium pyogenes

Entero. : Enterobacteriaceae

[1]:材料1gあたりの菌数の対数値、本文では実数で説明。

表 I-3 膿瘍近接部からの菌分離成績

材料番号	出現菌							
	F. necrophorum		A. pyogenes	Streptococus	Entero.	Staphylococcs	Bacteroides	その他の菌
	生物型A	生物型B						
1	5.3[1]			4.9	6.6			
2				2.6				
3					2.3			2.2
4	3.6							3.7
5	3.3		3.3		2.8			2.8
6	2.8		3.0					2.9
7	3.0							
8	5.2							
9	2.9		2.9	4.8	3.7			
10	4.6	4.5		6.2		4.3	4.8	4.3
11	4,4			4.3			3.3	4.8
12				3,6				
13	3.3							
14				5.9	3.9	3.1		
15				5.7	3.9	2.8		
16				3.0				5.5
17	4.8							
18				2.8				6.1
19	3.0			4.3				4.8
20								
21	4.2							

[1]: 表 I-2の脚注参照

例では純培養状であった。次いで*Streptococcus*属の11例（$10^2〜10^6$cfu/g）、*Enterobacteriaceae*の6例（$10^2〜10^6$cfu/g）および*A. pyogenes*の3例（$10^2〜10^3$cfu/g）であった。

　肝膿瘍部と近接部から分離される菌を比較すると、出現菌種は両者ともほぼ同様であったが、1g当たりの生菌数は膿瘍部が多かった。例えば、*F. necrophorum*生物型Aは、膿瘍部では$10^7〜10^9$cfu/gであるのに対し、正常部では$10^2〜10^5$cfu/gであった。

　なお、供試牛の9頭（牛体番号1〜9）について実施した膿瘍遠位部の肉眼的に正常な組織からの菌分離成績は表I-4の通りである。*F. necrophorum*生

表 I-4 膿瘍遠位部からの菌分離成績

材料番号	出　　　現　　　菌				
	Fusobacterium necrophorum		Streptococcus	Escherichia coli	その他の菌
	生物型 A	生物型 B			
1	4.3[1]	3.3	4.9	4.9	4.6
2			2.3		
3	4.2			4.6	3.1
4	5.3	4.9	5.5	5.1	5.7
5			3.8		2.8
6	2.8		3.1	3.2	2.8
7	2.9			3.3	
8	2.6				
9	3.4				

[1]: 表 I-2 の脚注参照

物型 A が 9 例中 7 例（$10^2 \sim 10^5$ cfu/g）、*Streptococcus* 属が 5 例（$10^2 \sim 10^5$ cfu/g）および *Enterobacteriaceae* が 5 例（$10^3 \sim 10^6$ cfu/g）が主な菌であった。*F. necrophorum* 生物型 A が 2 例（$10^2 \sim 10^3$ cfu/g）において純培養状に分離された。

III. 第一胃内EOS菌の肝膿瘍への関与の検討

　EOS菌の関与を調べるため、嫌気要求度の高い嫌気性菌の分離に使用されているMedium 10（Mitsuoka *et al.*, 1969, Cawell and Bryant, 1966）とPlate-in-bottle法（Mitsuoka *et al.*, 1969）を用いて肝膿瘍の細菌検査を実施し、通常法による結果と比較した。

　材料は宮崎県内の食肉検査所で採取したホルスタイン去勢牛10頭の肝膿瘍を用いた。分離培地として、Medium 10（Mitsuoka *et al.*, 1969、Cawell and Bryant, 1966）、EG寒天培地（Mitsuoka *et al.*, 1965）、BL寒天培地（Mitsuoka *et al.*, 1965）および変法FM培（日水製薬）を使用した。嫌気培養はMedium 10はPlate-in-bottle法（Mitsuoka *et al.*, 1969）により、他の3培地はCO_2置換スチールウール法により実施した。膿汁を無菌的に採取して1gを秤量し、O_2不含CO_2を噴射しながら9 mlの希釈駅B（光岡、1971）中でホモジナイ

ズし、さらに同条件下で10^{-7}まで10倍階段希釈した。Medium 10へは10^{-6}および10^{-7}希釈駅をO_2不含CO_2を噴射下で0.05ml宛接種してコンラージ棒で塗布し、Plate-in-bottle法により培養した。EG寒天培地、BL寒天培地および変法FM培は3等分して、10^{-3}、10^{-4}および10^{-5}あるいは10^{-4}、10^{-5}および10^{-6}希釈液を通常の方法で各0.05ml宛滴下塗布し、CO_2置換スチールウール法により培養した。両嫌気培養法の培養温度と培養時間はともに37℃で3日間とした。なお、血液加トリプトソイ寒天培地（栄研化学）による好気性培養も併用した。出現菌の同定は記述の通り実施した。

結果は表I-5に示す通りで、*F. necrophorum*生物型Aが全例から、*F. necrophorum*生物型Bが2例から分離され、主原因菌は*F. necrophorum*生物型Aであることが確認された。しかしながら、Medium 10をPlate-in-bottle法によって得られた培養結果は通常の嫌気性培地と嫌気性培養で得られた結果と大差はなく、EOS菌は分離されなかった。

Ⅳ. Ⅰ章の考察

今回の研究から、肝膿瘍の主原因菌は*F. necrophorum*のなかの生物型Aであるとの結論に達した。

肝膿瘍や肉眼的に正常な膿瘍近接部あるいは遠位部の肝組織にも*F. necrophorum*生物型Aをはじめ種々の細菌が存在した。同一肝臓の膿瘍部と肉眼的に正常と見なされる部の菌の分離状況を比較すると、多くの菌種が共通して分離されたが、それらの1gあたりの生菌数には大きな違いが見られた。膿瘍部で高い生菌数を示し、主原因菌とされている*F. necrophorum*生物型Aは膿瘍部では全例（100％）から高菌数（$10^7 \sim 10^9$cfu/g）で分離され、単独分離（21例中10例）も存在したのに対し、近接部では*F. necrophorum*生物型Aの分離率（62％）が低く、また生菌数（$10^2 \sim 10^5$cfu/g）も少なかった。また、肝膿瘍において*F. necrophorum*生物型Aと同時に分離される*A. pyogenes*は膿瘍部と正常部からほとんど同率に分離されたが、1g当たり

表Ⅰ-5 使用培地と出現菌の比較

材料番号	培地	嫌気性菌				好気性菌		
		Fusobacterium necrophorum		Bacte- roidesu	Pepto- coccus	Arcanobacte- rium pyogrnes	Strepto- coccus	その他の菌
		生物型 A	生物型 B					
1	M10	9.2					9.3	9.3
	EG	9.3			8.4		8.8	8.8
	BL	9.0					8.9	8.9
	FM	9.1						
	TSA						9.3	9.3
2	M10	8.9					8.9	8.9
	EG	8.8			8.3		7.0	7.0
	BL	8.8					8.4	8.4
	FM	8.9						
	TSA						8.7	8.7
3	M10	8.7						
	EG	8.7			7.8			
	BL	8.7			8.7			
	FM	8.4						
	TSA							
4	M10		8.0			8.6		
	EG	7.8	8.6			7.9		
	BL	7.7				8.0		
	FM	6.3	7.2					
	TSA					7.3	8.3	
5	M10	8.0						9.2
	EG	8.4		9.4				
	BL	8.1		9.0		8.0	8.8	
	FM	7.3	7.6					
	TSA					8.6	5.8	
6	M10	8.3						
	EG	7.8						
	BL	7.3						
	FM	7.8						
	TSA							
7	M10	8.6						
	EG	7.2						
	BL	7.3						
	FM	7.9						
	TSA							6.6
8	M10	7.8						
	EG	5.3						
	BL	6.9						
	FM	7.6						
	TSA							
9	M10	8.8						
	EG	8.7						
	BL	8.7						
	FM	8.5						
	TSA							6.3
10	M10	8.9						
	EG	8.0						
	BL	8.1						
	FM	8.7						
	TSA							

M10：M10培地　　FM：変法FM培地（日水製薬）
EG：EG培地　　　TSA：トリプトソイ寒天培地（栄研化学）
BL：BL培地　　　数字は1g辺りの生菌数の対数値、本文では実数で説明

の生菌数は前者が$10^7 \sim 10^9$cfu／gに対し、後者が$10^2 \sim 10^4$cfu／gと大きく隔たった。Streptococcus属はむしろ正常部から高率に分離されたが、生菌数は膿瘍部に比べるとはるかに低かった。膿瘍遠位部組織にも低菌数ながらF. necrophorum生物型Aをはじめ種々の細菌が存在した。

　本実験の供試牛は全例が第一胃の絨毛の脱落や発育不全、胃壁の菲薄化、飼料の粘膜への付着などの異状が見られる牛であった。供試牛の肝膿瘍や肉眼的に正常な部位からも分離されるこれらの細菌は第一胃から門脈経路で肝臓に達したもので，嫌気性菌と通性菌の混合感染の際、一般的には先ず通性菌が増殖して酸素を消費し、嫌気的状態になって初めて嫌気性菌の増殖が可能となると考えられている。一方、肝臓内に嫌気性菌の増殖に必要な条件がすでに整っておれば、嫌気性菌は増殖可能となる。

　膿瘍部からはF. necrophorum生物型Aが純培養状に分離される例があった。それは先に増殖した通性菌に代わってF. necrophorum生物型Aが優性に増殖したためか、あるいは肝臓への侵入以前にすでにF. necrophorum生物型Aが菌数的に優性で、肝臓到達後も有利に増殖したためか明らかにはできなかったが、おそらく前者であろうと推測される。

　また、近接部あるいは遠位部のF. necrophorumは増殖して膿瘍形成へと発展するのかは興味あるところである。実験的には膿瘍形成にはある程度の菌数、例えば$10^6 \sim 10^7$cfu／gが必要と推定されている。近接部あるいは遠位部に存在する$10^3 \sim 10^4$cfu／gのF. necrophorum生物型Aは一過性に存在してその後排除されるのか、あるいは条件が整えば増殖を開始して、膿瘍を形成する可能性があるのか、今回の実験では明らかにすることはできなかった。しかし、牛における肝膿瘍形成は大膿瘍形成の場合は単発性で、小中膿瘍の場合は多発性の傾向があった。肝膿瘍は時間的経過を取って徐々に形成されるのではなく、ある一定の条件が満たされた際の同一時期に形成されるのではないかと考えるのが妥当のようである。したがって、膿瘍形成に必要な菌数に達するまで条件が整わない場合には菌は排除されると思われる。

　EOS菌は肝膿瘍からは分離されなかった。使用した分離培地と嫌気培養法

は第一胃内のEOS菌を検出することのできるものである。牛第一胃内のEOS菌は他の細菌と同様、門脈経由で肝臓に運ばれると考えられるが、血管に富み、高酸素臓器である肝臓では、生残することができず、死滅すると考えられ、牛肝膿瘍への関与はないと判断された。Medium 10の培地調製とPlate-in-bottle法による嫌気性培養は煩雑で時間がかかり、O_2不含CO_2を得るために特種な卓上焼却炉が必要である。上記の培養結果から、以後の牛肝膿瘍の細菌学的検索にはMedium 10やPlate-in-bottle法を応用することをせず、通常の嫌気性培地と嫌気性培養法を用いることにした。

なお、詳細な成績は示さないが、30例の牛の第一胃内の $F.\ necrophorum$ の分離を試みたところ、半数の15例から本菌が分離された。$F.\ necrophorum$ 生物型Aが2例（10^3と10^5cfu/g）から、$F.\ necrophorum$ 生物型Bが13例（10^2〜10^5cfu/g）から分離され、$F.\ necrophorum$ 生物型Bが多くの材料から分離された。つまり、圧倒的に $F.\ necrophorum$ 生物型Aが分離される肝膿瘍とは逆の現象がみられた。その生物型の逆転の解明は肝膿瘍形成のメカニズムを解く上で重要と考える。

Ⅰ章の文献

Cawell, D. R. and Bryant, M. P. Appl. Microbiol., 14, 794-801 (1966).

Cowan, S.T. Cowan and Steel's Manual for the Identification of Medical Bacteria, 2nd ed., Cambridge University Press, London, 45-60 (1974).

Fievez, L. Étude Comparée des Souches de *Sphaerophorus necrophorus* Isolées chez l'Homme et chez l'Animal, Presses Académiques Européenes, Bruxelles (1963).

Holdeman, L. V., Cato, E. P. and Moore, W. E. C. Anaerobe Laboratory Manual, 4th ed., Virginia Polytyechnic Institute and State University, Blacksburg, Virginia (1977).

Jensen, R., Deane, H. M., Cooper, L. J., Miler, V. A. and Graham. W. R. Am. J. Vet. Res., 15, 202-216 (1954).

光岡友足、感染症学雑誌、45、406-419 (1971).

Mitsuoka, T., Morishita, Y., Terada, A. and Yamamoto, S. Jap. J. Microbiol., 13, 383-385 (1969).

Mitsuoka, T., Sega, T. und Yamamoto. S. Zbl. Bakteriol. 1. Abt, Orig., 195, 455-469 (1965).

中村憲雄、新城敏晴、白石不二雄、山本正悟、白石昭夫、玉田省吾、鈴木好人、宮大農報、21、337-343（1974）.

新城敏晴、ウシの肝膿瘍、光岡知足編、腸内フローラと感染症、163-190、学会出版センター、東京（1986）.

Yamamoto, S. J. Jap. Soc. Vet. Sci., 17, 40-49（1938）.

Ⅱ 章

分離菌株の分類学的研究

はじめに

本章では*Fusobacteium necrophorum*について分与をうけた菌株、肝膿瘍および肝膿瘍以外から分離された菌株も含めて生物学的分類および分子生物学的分類をおこなったのでその成績について述べる。

Ⅰ. 生物学的分類

*F. necrophorum*は*Spherophorus necrophorus, S. funduliformis, S. pseudonecrophorus, Bacteroides necrophorus, B. funduliformis, B. pseudonecrophorus, Fusiformis necrophorus, Actinomyces necrophorus*など多くの同義語を持つ。分類学的にも多くの変遷を経てきているが、二つの大きな流れに分けることができる。一つは動物病巣由来の*Spherophorus necrophorus*と人病巣由来の*S. funduliformis*および非病原性の*S. pseudonecrophorus*の3菌種に分類するフランスにおける分類の流れ（Prévot 1957）で、もう一つはBergey's Manual (Buchanan and Gibbons, 1974) やVPI Manual (Holdeman *et al.*, 1977) に代表されるアメリカにおける分類法で、上記の3菌種を1菌種*Fusobacterium necrophorum*とする流れである。

さらに、Fievez（1963）は赤血球凝集性と溶血性の2性状によりPrévotの3菌種を*S. necrophorus* Type A、BおよびCの1菌種3生物型に分類した。これに対して、Beerens *et al.*（1971）はこの赤血球凝集性と溶血性の2性状は継代により変異するとして、Type A、BおよびCをそれぞれPhase A、BおよびCとするべきだと提案した。

前項で述べた牛肝膿瘍から分離された*F. necrophorum*をBergey's Manual (Buchanan and Gibbons, 1974) およびVPI Manual (Holdman *et al.*, 1977) に記載されている性状に従って試験すると全株斉一の性状（表Ⅱ-1）を示した。しかし、本菌を3生物型に分類したFievez（1963）の性状に従えば、分離菌株は赤血球凝集性および溶血性ともに陽性のFievezの生物型Aと赤血

表Ⅱ-1　Bergey's Manualの

生物型	菌株	酪酸産生	プロピオン酸の産生		インドール産生	エスクリン水解	デンプン水解	運動性
			酪酸	スレオニン				
A	JCM 3718	+	+	+	+	−	−	−
	JCM3716	+	+	+	+	−	−	−
	N 167	+	+	+	+	−	−	−
	Fn 30	+	+	+	+	−	−	−
	Fn 47	+	+	+	+	−	−	−
	Fn 69	+	+	+	+	−	−	−
	Fn 71	+	+	+	+	−	−	−
	Fn 101	+	+	+	+	−	−	−
	Fn 109	+	+	+	+	−	−	−
B	JCM 3724	+	+	+	+	−	−	−
	JCM 3717	+	+	+	+	−	−	−
	Fn 17	+	+	+	+	−	−	−
	Fn 20	+	+	+	+	−	−	−
	Fn 34	+	+	+	+	−	−	−
	Fn 49	+	+	+	+	−	−	−
	Fn 56	+	+	+	+	−	−	−
	Fn 60	+	+	+	+	−	−	−
	Fn 77	+	+	+	+	−	−	−

＋:陽性、　　−:陰性、　w:弱陽性

球凝集能を欠き、溶血性のみが陽性の生物型Bに相当する2群に大別された（表Ⅱ-2）。両性状を欠く生物型Cは分離されなかった。

以下牛の肝膿瘍から分離される F. necrophorum の生物型AおよびBの重要な生物学的性状を検査して、両生物型を比較し、分類学的に考察した。

1）ニワトリ赤血球凝集性
材料と方法

肝膿瘍由来JCM 3716（Fn 43）、Fn 47、Fn 127、Fn 128およびFn129の5株、牛第一胃由来JCM 3717（Fn 45）およびFn 49の2株、未経産牛乳房炎由来Fn 52およびFn 57の2株、分与菌株 F. necrophorum JCM 3718（VPI 2891）、JCM 3724（VPI 6161）およびN 167の3株、合わせて12株を使用し

主要性状による生物型の比較

硝酸塩還元	ガス産生	カタラーゼ産生	硫化水素産生	ゼラチン水解	酸の産生			
					ブドウ糖	果糖	乳糖	蔗糖
−	+	−	+	+	−	−	−	−
−	+	−	−	+	w	−	−	−
−	+	−	−	+	−	−	−	−
−	+	−	+	+	w	w	−	−
−	+	−	−	+	−	−	−	−
−	+	−	−	−	−	−	−	−
−	+	−	−	−	−	−	−	−
−	+	−	+	+	w	w	−	−
−	+	−	+	−	w	−	−	−
−	+	−	−	+	w	−	−	−
−	+	−	−	−	−	−	−	−
−	+	−	+	−	−	−	−	−
−	+	−	+	−	−	−	−	−
−	+	−	−	−	−	−	−	−
−	+	−	−	−	w	−	−	−
−	+	−	−	−	−	−	−	−
−	+	−	+	−	w	−	−	−
−	+	−	−	−	−	−	−	−

た。血球凝集反応はニワトリ赤血球を用いて、Fievez（1963）に従ってスライドグラス法によって試験し、続いてマイクロタイター法（新城・中村、1979）により定量的に血球凝集価を調べた。

結　果

　スライドグラス法では陽性株と陰性株に、マイクロタイター法では凝集価16倍以上の菌株と2倍以下の菌株に分かれた。本菌の生物型の鑑別性状であるニワトリ赤血球を用いて凝集反応を実施したところ、供試菌株は由来を問わず、赤血球凝集株と非凝集株に2大別された（表II-2）。また、継代による赤血球凝集能の消失はなく（表II-3）。相変異（Beerens et al., 1971）は否定された。

表Ⅱ-2 赤血球凝集反応の結果

菌株	生物型	赤血球凝集反応	
		スライドグラス法	マイクロタイター法
JCM 3718		＋	16
JCM 3716		＋	16
N167		＋	16
FN 47	A	＋	>128
Fn 127		＋	32
Fn128		＋	32
Fn 129		＋	16
JCM 3724		－	2
JCM 3717		－	2
Fn 49	B	－	2
Fn 52		－	2
Fn 57		－	2

＋:陽性、－:陰性、w:弱陽性

表Ⅱ-3 生物型A菌株の継代と赤血球凝集価

菌株	各継代時における赤血球凝集価			
	初代	10代	50代	100代
JCM 3716	8	8	8	8
JCM 3718	16	16	8	16
JCM 3720	16	16	32	16
SPH 1	8	8	8	8
SPH 29	32	32	32	32

2) 溶血性
材料と方法

　供試菌株の新鮮培菌液をウサギおよびウマの血液を5％に添加した変法FM培地（ニッスイ製薬）に塗布し、37℃、72時間嫌気培養後、溶血環の直径を測定し、≧2.5mm（＋＋＋）、1.5-2.4mm（＋＋）、＜1.4（＋）として表記した。

結 果

　赤血球凝集能の有無にかかわらず、全供試菌株が血液寒天培地上でβ溶血を示した（表Ⅱ-4）。また、溶血環は生物型Aが生物型Bより広い傾向にあった。

　なお、Fievezの生物型Cに相当する非溶血株は今回の分離菌株の中には存在しなかった。

　また、溶血活性も赤血球凝集性同様、100代の継代による消失は認められず、安定した性状であった（Shinjo, 1986）。

表Ⅱ-4　溶血活性

菌　株	生物型	動　物　種	
		ウサギ	ウマ
JCM 3716	A	♯	♯
JCM 3718		♯	♯
N167		♯	♯
FN 47		♯	♯
Fn 127		♯	♯
Fn 128		♯	♯
Fn 129		♯	♯
JCM 3717	B	♯	♯
JCM 3724		+	+
Fn 49		♯	+
Fn 52		♯	+
Fn 57		♯	+

＋：溶血環の直径　14 mm以下
♯：15 mm〜24 mm
♯：25 mm以上

3）集落形態

　馬血液加BPPY寒天培地（Shinjo *et al.*, 1981）で嫌気的に37℃48時間培養後の集落形態を観察した。

結　果

　赤血球凝集反応陽性株の集落は直径2〜3mm、扁平ラフ型を示すA型集落（Fievez, 1963）、赤血球凝集反応陰性株の集落は直径1mmのドーム状スムーズ型のB型集落（Fievez, 1963）であり、両生物型の集落にも違いが見られた。また、赤血球凝集能を有する菌株のなかに、A型集落の中央部にB型集落に類似する凸部をもつAB型集落（Fievez, 1963）もあり、生物型Aには集落型Aと集落型ABの2集落型が存在した。

4）菌形態

材料と方法

　前項の集落から釣菌してグラム染色を施し、グラム染色性と菌形態を観察した。走査電子顕微鏡による形態観察も併用した。

結　果

　赤血球凝集反応陽性株の菌形態は長桿菌で時に繊維状を呈し、赤血球凝集反応陰性株の菌形態は短桿菌両端鈍円状であった（図Ⅱ-1）。また、AB型集落の菌はA型集落菌と同様長桿菌であった。菌形態も集落形態同様、赤血球凝集能に対応した。

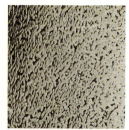

図Ⅱ-1　菌形態（走査電子顕微鏡写真）
　　左、生物型A（長桿菌）
　　右、生物型B（短桿菌）

5) 液体培地における発育性状
材料と方法

　BTY培地（Shinjo et al., 1981）中で37℃24時間培養後に、液体培地における発育状態を観察した。

結　果

　赤血球凝集反応陽性株は培地全体が混濁し、少量の沈殿物を生じる発育であったのに対して、赤血球凝集反応陰性株では培地上清が透明で多量の沈殿を形成する発育性状を示した（図Ⅱ-2）。本性状も集落形態および菌形態と共に赤血球凝集性と強い対応を示した。

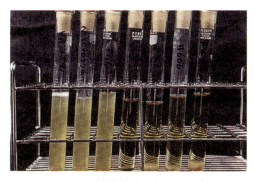

図Ⅱ-2　液体培地における発育
　　　左3本、生物型A（混濁発育）
　　　中央1本、菌非接種培地
　　　右3本、生物型B（上清透明、菌体沈殿）

6) マウスに対する病原性－腹腔内接種
材料と方法

　赤血球凝集反応陽性株として、JCM 3718（VPI 2891）およびJCM 3716（Fn 43、牛肝膿瘍分離株）の2株、赤血球凝集反応陰性株としてJCM 3724（VPI 6161）およびJCM 3717（Fn 45、牛肝膿瘍分離株）の計4株を使用した。

3週齢のICR系マウスを購入して1週間飼育観察し、健康な4週齢マウス（体重20～22g）を使用した。

BPPY培地（Shinjo *et al.*, 1981）に前培養した菌液を0.3ml宛5匹のマウスの腹腔内に接種した。接種生菌数は$2.8×10^7$～$1.9×10^8$/マウスであった。対照マウスはBPPY培地のみを等量腹腔内に接種した。斃死マウスはその都度、生残マウスは2週後に屠殺して、肉眼的に肝膿瘍の有無などを観察し、主要臓器の細菌学的検査を実施した。

結 果

結果を表Ⅱ-5に示した。赤血球凝集反応陽性の生物型A株はマウスに対して致死的で、肝臓に浸潤性壊死や膿瘍を形成し、接種菌は膿瘍部、肝臓、脾臓、腎臓および肺から回収された。一方、赤血球凝集反応陰性の生物型B株接種マウスは生残し、肝臓に限局性膿瘍を形成した。接種菌は肝膿瘍部と肝臓のみから分離され、脾臓、腎臓および肺からは回収されなかった。両生物型間にはマウスに対する病原性が明らかに異なり、生物型Aがマウスに対し強い病原性を示した。

表Ⅱ-5　マウスに対する病原性

菌株	生物型	動物数	接種生菌数	生死	肝膿瘍	接種菌の回収	
						肝臓[1]	脾臓、腎臓、肺[2]
JCM 3716	A	5	$1.9×10^8$	死亡	浸潤性	10^8–10^{10}	+
JCM 3718	A	5	$2.8×10^7$	死亡	浸潤性	10^9–10^{10}	+
JCM 3717	B	5	$1.0×10^8$	生残	限局性	10^5–10^7	−
JCM 3724	B	5	$8.0×10^7$	生残	限局性[3]	10^7–10^9	−

[1]：肝臓1g当たりの生菌数
[2]：寒天培地直接塗抹培養で発育(+)、非発育(−)
[3]：5匹中2匹は肝膿瘍は形成されず、その2匹の肝臓からは菌は非回収

7) 生物学的分類の考察

赤血球凝集能は100代継代後も消失せず（表Ⅱ-3）、Beerens et al., (1971) が報告した相変異は認められず、安定した性状であり、分類の指標としては妥当なものであった。

現在、世界で広く採用されているBergey's Manualの分類で1菌種とされている*F. necrophorum*は生物学的性状により2菌群に分別された。したがって、*F. necrophorum*は単一な1菌種ではなく、生物学的に異なる2菌群からなり、2生物型として分類されるのが妥当と考えられた。牛肝膿瘍から分離される*F. necrophorum*は赤血球凝集能を有する病原性の強い生物型Aが主であり、牛肝膿瘍の主原因菌を*F. necrophorum*と表記するより*F. necrophorum*生物型Aとする方が適切と考える。両生物型の諸性状を表Ⅱ-6に示した。

表Ⅱ-6 生物型AおよびBの諸性状比較一覧

性 状	生物型 A	生物型 B
集落形態	直径2 mm 扁平 辺縁粗造 ラフ型、表面モザイク状 不透明	直径1 mm 隆起 正円 スムース型、表面均質 半透明
菌形態	長桿菌(0.5-0.6 ×3-70μm) 時にフィラメント状	短桿菌(0.4-0.8×1-8μm)
液体培地	試験管全体に混濁発育	沈殿、上清透明発育
赤血球凝集能		
スライドグラス法	＋	－
試験管法	1：16以上	1：2以下
マウスに対する病原性	致死的 肝臓に浸潤性膿瘍形成	非致死的 肝臓に限局性膿瘍形成
接種菌の回収臓器	肝臓、脾臓、腎臓および肺	肝臓

II. 分子遺伝学的分類

　Fievez（1963）は*F. necrophorum*を生物型A、BおよびCの3生物型に分類することを提案した。3生物型の中で性状が大きくことなる生物型Cについて、他の2生物型とDNA-DNA相同生などを比較してその分類学的位置を検討した。次いで生物型AおよびBについても分子遺伝学的に比較し、両者の分類学的な関係を検討した。また、確立した分類体系を新たな手法によりその分類の妥当性を検証した。

1）新菌種*Fusobacterium pseudonecrophorum*の提案（Shinjo et al., 1990）

　*F. necrophorum*の生物型A、BおよびCの3生物型は多くの性状で違いが見られる。特に生物型Cは赤血球凝集能と溶血能を欠き、非病原性で、抗生物質感受性にも他の生物型と異なる（Fievez, 1963）。また、生物型A菌を宿主として牛のルーメンから分離されたファージに生物型AとBは感受性であるのに対し、生物型Cは非感受性（Tamada *et al.*, 1985）で、プラスミドが生物型Cのみから分離されている（Nakamura *et al.*, 1985）。
　そこで生物型Cに属する3株について菌形態、集落形態、生化学的性状およびDNA塩基組成比およびDNA-DNA相同性を生物型AおよびBと比較し、その分類学的関係を検討した。

材料と方法

　使用菌株は生物型CとしてBeerens博士（リールパスツール研究所、フランス）より分与を受けたJCM 3721（Sf 410）、JCM 3722（Sf 118）およびJCM 3723（Sf 130）の3株、*F. necrophorum*生物型AのJCM 3718（VPI 2891）および生物型BのJCM 3724（VPI 6161）の計5株を供試した。
　生化学的性状検査は（Shinjo *et al.*, 1981）に準じた。
　DNAの塩基組成比（GC%）の測定は熱変性温度（Tm）をMarmur and Doty

(1962) により自動記録分光光度計（Automatic recording spectrophotometer、UV119, Komatsu Electronics, Tokyo）で測定し、Tm＝x＋0.41×GC％の式よりGC％を算定した。標準DNAとして子牛胸腺由来のDNA（GC％＝42）および*Escherichia coli* K-12由来のDNA（GC％＝51）を使用した。

DNAの調製はハイドロオキシアパタイトバッチ法（Britten *et al.*, 1969）によりDNAを抽出、精製した。DNA-DNA相同性試験はニックトランスレイション法（Maniatis *et al.*, 1975, Rigby *et al.*, 1977）により標識した標識DNAと非標識DNAを用いてAulakh and Gallo（1977）の方法を若干修正した方法（Harasawa *et al.*, 1985）によりハイブリダイゼイションを実施した。

結　果

集落および菌形態

5％馬血液加GAM寒天培地上（日水化学）における37℃3日培養後の生物型Cの集落は、直径が約2.5mm、中央凸、灰色、半透明、辺縁波状、表面顆粒状で、菌体は太く、やや長い桿菌かフィラメント状であった。生物型Aの集落は直径が2mm、扁平、灰色、半透明、辺縁不規則、表面は粗造あるいは顆粒状で、菌体は細く、長さは様々で、時にフィラメント状を示した。生物型Bの集落は直径が約1mm、ドーム状、灰色、不透明、辺縁正円、表面平滑で、菌体は細く、球菌の連鎖状あるいは短桿菌状であった。

生化学的性状

全供試菌はブドウ糖から酪酸を、スレオニンおよび乳酸からプロピオン酸を産生した。インドール、H₂Sおよびガスを産生した。エスクリンおよび澱粉の水解、硝酸塩還元、カタラーゼ産生、ゼラチン水解、20％胆汁存在下における発育は陰性であった。糖の発酵性は、アミグダリン、アラビノース、セロビオース、デキストリン、ガラクトース、グリコーゲン、イヌリン、ラクトース、マルトース、マンニット、マンノース、メリビオース、ラフィノース、サリシン、スターチ、シュークロース、トレハロースおよびキシロース

の全てが陰性であった。生物型Cの供試菌株のうち1株がブドウ糖から酸を産生し、他の1株がフラクトースを弱く発酵した。

ニワトリ赤血球凝集性および馬血液溶血性により、3生物型は鑑別できた。生物型Aは両性状があり、生物型Bは溶血能のみを有し、生物型Cは両性状を欠いた。また、液体培地における発育性状、マウスに対する病原性にも違いがみられた（表Ⅱ-7）。DNAの塩基組成比およびDNA相同性を表Ⅱ-8に示した。生物型Cの3株のDNAのGC含量はそれぞれ30.4%、29.3%および28.0%、生物型AおよびBのそれは31.3%と32.0%であった。生物型C（新菌種、F. pseudonecrophorum）の3株は生物型Cの標識DNAに対して100%、96.5%および82.8%の同一菌種に属する相同性を示した。一方、生物型Aの標識DNAに対しては、7.5%、7.8%および14.6%、また生物型Bの標識DNAに対しては6.3%、7.5%および19.1%と低値で別菌種の相同性の値であった。生物型AおよびBの2株は生物型Cの標識DNAに対してそれぞれ10.5%および13.8%で低い値であった（表Ⅱ-8）。生物型Cの3株は対照とした E. coli に対して約10%の相同性があった。

新菌種（基準株、JCM 3722[T]）と F. necrophorum 生物型AおよびB間の鑑別性状を表Ⅱ-9に示した。

表Ⅱ-7　F. pseudonecrophorum と F. necrophorum の主要性状

菌種（生物型）	菌株	鶏赤血球凝集性		溶血性（ウマ）	液体培地発育状態	マウスにおける肝膿瘍形成	ペニシリン感受性（500 U/ml）
		スライドグラス法	試験管法				
F. pseudonecrophorum	JCM 3722[T]	−	<1:1	−	混濁発育	非形成	抵抗性
	JCM 3723	−	<1:1	−	混濁発育	非形成	抵抗性
	JCM 3721	−	<1:1	−	混濁発育	非形成	抵抗性
F. necrophorum（生物型A）	JCM 3718	＋	1:128	β	混濁発育	形成（致死性）	感受性
F. necrophorum（生物型B）	JCM 3724	−	1:4	β	沈殿発育	形成（非致死性）	感受性

[T]：基準株

表Ⅱ-8　*F. pseudonevrophorum*と*F. necrophorum*のGC含量
および相同性およびDNA-DNA相同性

非標識DNAの由来の菌種名、生物型および菌株名	GC含量 (mol%)	標識DNAとの相同性(%)		
		JCM 3722^T	JCM 3718	JCM 3724
F. pseudonecrophorum				
JCM 3722^T	30.4	100.0	7.5	6.3
JCM 3723	29.3	96.5	7.8	7.5
JCM 3721	28.0	82.8	14.6	19.1
F. necrophorum 生物型 A				
JCM 3718	31.3	10.5	100.0	75.6
F. necrophorum 生物型 B				
JCM 3724	32.0	13.8	70.6	100.0

^{T}:基準株

表Ⅱ-9　*F. pseudonecrophoru*と*F. necrophorum*の鑑別性状

菌種(生物型)	溶血		鶏赤血球凝集性
	ウマ	ウサギ	
F. pseudonecrophorum	−	−	−
F. necrophorum (A)	β	β	+
F. necrophorum (B)	β	β	−

−： 非溶血性あるいは赤血球非凝集性
＋： 赤血球凝集性
β： β溶血性

考　察

　現在、世界中で広く採用されているBergey's Manual（Buchanan and Gibbons, 1974）では*F. necrophorum*は1菌種として扱われている。しかし、これまで見てきたように、フランス語圏では本菌は3菌種（Prévot, 1957）あるいは1菌種3生物型（Fievez, 1963）に分類されてきた。今回の成績から、生物型Cは他の2生物型とはDNA-DNA相同性が異なり、別種としとするのが妥当と考え、菌種名をPrévotの*Spherophorus pseudonecrophorus*を復活させ、*Fusobacterium pseudonecrophorum*と命名し、提案した。論文は採択され新菌種と承認され、International Journal of Systematic Bacteriologyに掲載され

た（Shinjo *et al.*, 1990）。しかし3年後に、Bailey and Love（1993）により本菌は*Fusobacterium varium*と同一菌種であり、命名規約により*F. varium*に統一されるべきとの提案が認められ、現在では*F. pseudonecrophorum*は廃棄名となった。

　その後、筆者らは*Fusobacterium varium*の基準株（ATCC 8501^T）と保存菌株のうち*Fusobcterium pseudonecrohorum*と同定された研究室保存の5株を用いて、16S-23S rRNA遺伝子間スペーサー領域の遺伝学的関係を調べたところ、97.7％〜100％の配列類似性があり、これら2菌種は同一菌種であることが確認された（Jin *et al.*, 2002）。

　また、*F. varium*（ATCC 8501^T）および"*F. pseudonecrophorum*" JCM 3721（Fn 410）の*gyrB*遺伝子のヌクレオチド配列を比較したところ、相同性は97.8 ％で、この値も同一菌種のレベルで、同種は同一菌種であった。なお、生物型A（後に*F. necrophorum* subsp. *necrophorum*と分類命名された）および生物型B（後に*F. necrophorum* subsp. *funduliforme*と分類命名された）の2生物型（あるいは2亜種）に対しては、それぞれ71.3−72.6％ および71.0−72.2％の相同性で、"*F. pseudonecrophorum*" は*F. necrophorum*とは異なる菌種であることが示された（Jin *et al.*, 2004）。

2) *Fusobacterium necrophorum* subsp. *necrophorum*および *Fusobacterium necrophorum* subsp. *funduliforme*の 新2亜種の提案（Shinjo et al., 1991）。

　前項で記述した通り*F. necrophorum*生物型Cは別菌種として再分類された。*F. necrophorum*生物型AとBの間には赤血球凝集性、溶血性や病原性の他にDNA-DNA相同性にも違いがあることが報告されている（Shinjo *et al.*, 1981）。生物型AとBの分類学的関係を検討した結果、この2者の関係は、生物型レベルではなく、亜種レベルが適当で、生物型Aを*Fusobacterium necrophorum* subsp. *necrophorum*、生物型Bを*Fusobacterium necrophorum* subsp. *funduliforme*とすべきとの結論に達した（Shinjo *et al.*, 1991）。本項ではその

成績について述べる。

材料と方法

　使用菌株は、生物型Aとして、JCM 3718（VPI 2891）、NCTC 10576、N167、JCM 3716（Fn 43、牛肝膿瘍分離株）およびFn 47（牛ルーメン分離株）の5株、生物型Bとして、JCM 3724（VPI 6161）、No 606（分与株）、No 1260（同左）、JCM 3717（Fn 45、牛肝膿瘍分離株）およびFn 49（牛ルーメン分離株）の5株、合わせて10株を供試した。

　生物学的および生化学的試験はShinjo et al., (1981) により試験した。リパーゼテストは卵黄寒天培地（McClung and Toabe, 1947）およびCW寒天培地（日水製薬）を用いて調べた。

　DNAの調製はGAMブイヨン対数増殖期後期の菌を集菌し、0.15 M NaCl-0.1 M EDTA (pH 8.0) で2回洗浄した。Marmur (1961) の方法でDNAを分離し、DNAの純度と量を推定した。

　DNA塩基組成はDNAのG+C含量は熱融解点法（Marmur and Doty, 1962）により決めた。子牛胸腺（42％）およびE. coli（51％）のDNAを対照として用いた。

　DNA相同性はJohnson et al., (1980) のS1ヌクレアーゼ法により調べた。

結　果

　使用菌株はニワトリ赤血球凝集性により、生物型Aと生物型Bに明確に区分された。両生物型に共通に認められた陽性の性状として、ブドウ糖およびペプトンからの酪酸産生、乳酸およびスレオニンからのプロピオン酸産生、インドールおよびガス産生で、逆に陰性の共通性状として、エスクリンおよびデンプン水解、カタラーゼ産生、硝酸塩還元、20％胆汁添加培地における発育があり、またアミグダリン、アラビノース、セロビオース、デキストリン、ガラクトース、グリコーゲン、イヌリン、ラクトース、マンニット、マンノース、メリビオース、ラフィノース、サリシン、デンプン、シュークロー

ス、トレハロースおよびキシロースからの酸の非産生性であった。幾つかの菌株にフラクトース、ブドウ糖およびマルトースから酸弱産生が認められた。

DNA塩基組成とDNA相同性を表Ⅱ-10に示した。生物型AのGC含量は29〜31％、生物型Bは27〜31％であり、同一菌種の範囲内にあった。DNAの相同性では、生物型Aおよび生物型B内の相同性はそれぞれ、80〜100％および81％-100％で同一生物型では高い相同性を示した。一方、生物型Aの生物型BのラベルDNAに対する相同性は66〜71％、生物型Bの生物型AのラベルDNAに対する相同性は51〜59％であった。

表Ⅱ-10　両亜種間のDNA-DNAホモロジーレベル

ラベルDNA		GC含量	ラベルDNAとのホモロジー%	
亜種	菌株	(モル%)	JCM 3718[T]	JCM 3724[T]
F. necrophorum subsp. *necrophorum*	JCM 3718[T]	31	100	67
	NCTC 10576	30	90	71
	N 167	29	93	68
	Fn 47	28	88	70
	JCM 3716	31	80	66
F. necrophorum subsp. *funduliforme*	JCM 3724[T]	30	54	100
	606	31	57	94
	Fn 49	27	59	89
	JCM 3717	31	51	82
	1260	30	53	81

[T]：基準株

考察

DNA相同性レベルでみると、この2生物型は同一菌種の亜種レベルの相同性を有している。1菌種2亜種とすることが最も妥当な分類と考えられたので、*Fusobacterim necrophorum* subsp. *necrophorum* subsp. nov., nom. rev. (ex Flügge 1886)（基準株、JCM 3718[T]）および*Fusobacterim necrophorum* subsp. *funduliforme*（基準株、JCM 3724[T]）として提案したところ採用され、以後この分類法（Shinjo *et al.*, 1991）は現在でも広く使用されている。

F. necrophorum subsp. *necrophorum* は0.5-0.6×3-70μm、長桿菌が主で、し

ばしばフィラメント状を呈する。馬血液加寒天培地上では直径約2mm、ギザギザ状の辺縁を持つ表面粗の灰白色扁平円形状のFievez（1963）のA型集落を形成して、広い溶血環に囲まれる。たまに中心部凸のAB型集落（Fievez, 1963）を形成することもある。液体培地では培地全体が混濁する発育を示し、少量の沈殿がみられる。ニワトリ赤血球を凝集するのが本亜種の特徴である。生物活性に乏しいが、基準株であるJCM3718^T（VPI 2891）は硫化水素産生およびゼラチン液化陽性で、マルトース弱発酵性である。主として病巣から分離される病原性亜種である。

　一方、*F. necrophorum* subsp. *funduliforme*は0.4-0.8×1-8μm、短桿菌が主である。馬血液加寒天培地では直径約1mmの正円の辺縁を持つ灰色半透明ドーム状のスムーズ集落形態を示す。溶血活性は*F. necrophorum* subsp. *necrophorum*より弱く、溶血環が狭い。ニワトリ赤血球凝集能を欠く。基準株であるJCM3724^T（VPI 6161）は、ゼラチン液化陽性であるが、硫化水素非産生である。ブドウ糖に対して弱い発酵性を示す。主として動物の消化管内から分離されるが、他の菌と混合して病巣からも分離される弱病原性亜種といえる。

3）ランダムプライマーを用いた両亜種の系統発生学的分析

　本項では多くのダンダムプライマーを用いたRAPD-PCRパターンの解析によって両亜種を系統発生学的に分析し、分類の妥当性を検討した。

　12のランダムプライマーを用いて12株の*F. necrophorum*のRAPD-PCRで0.3～3.5kbの185の異なる結合パターンが生じた。すべての増幅フラグメントをクラスター分析に供し、デンドログラムグラムを描かせると12株は由来を問わず、前項で述べた*F. necrophorum* subsp. *necrophorum*と*F. necrophorum* subsp. *funduliforme*の2亜種に一致して2つの主要クラスターに明確に分かれ（図Ⅱ-3）、この分類法の妥当性が確認された（Narongwanichgarn, 2002）。

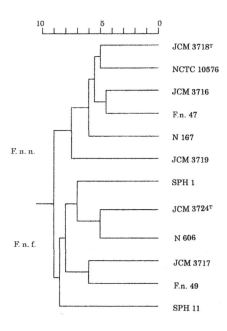

図Ⅱ-3 *F.necrophorum*のRAPDパターンの定量分析に基づく
*F.necrophorum*12株のクラスター分析のデンドログラム
F.n.n.：*F.necrophorum* subsp. *necrophorum*
F.n.f.：*F.necrophorum* subsp. *funduliforme*
JCM 3718[T]およびJCM 3724[T]は各亜種の基準株
（文献Narongwanichgarn 2002から一部改変して転載）

4) 両亜種のgyrB遺伝子のヌクレオチド配列の比較

　*F. necrophorum*は形態、生化学的性状およびDNA-DNA相同性により2亜種に分類されている（Shinjo *et al.*, 1991）。また、近年、16S rRNAに代わってDNA gyrase B subunit protein（*gyrB*）をコードしている遺伝子が近縁の細菌を分類、検出するのに最も有益であることが報告されている（Kasai *et al.*, 2000, Venkateswaran *et al.*, 1998, Yamamoto and Harayama, 1995, Yamamoto and Harayama, 1996, Yamamoto and Harayama, 1998, Yamamoto *et al.*, 2000）。

本項では*F. necrophorum* subsp. *necrophorum*と*F. necrophorum* subsp. *funduliforme* の2亜種を鑑別する明確な配列を同定するため*gyrB*を分析した。

菌株は*F. necrophorum* subsp. *necrophorum*としてJCM 3718^T（基準株、VPI 2891）、NCTC 10576、JCM 3719（SPH 6）、N 167、JCM 3716（Fn 43）およびFn 48の6株、*F. necrophorum* subsp. *funduliforme*としてJCM 3724^T（基準株、VPI 6161）、No 606、JCM 3717（Fn 45）およびFn 139の4株の合わせて10株を供試した。

F. necrophorum subsp. *necrophorum*と*F. necrophorum* subsp. *funduliforme*の2亜種内の相同性はそれぞれ97.0–99.3%および97.3–99.4%（表Ⅱ-11）で同一クラスターを形成し、異なる亜種間の相同性は93.2–95.6%で亜種相当の値を示し（Jin *et al.*, 2004）、先に提案した*F. necrophorum* 2亜種への分類の妥当性が確認された。

表Ⅱ-11　*F. necrophorum*の*gyrB*配列の相似値（%）

亜種	菌株	1	2	3	4	5	6	7	8	9
F. necrophorum subsp. *necrophorum*	JCM 3718^T									
	2. N 167	97.6								
	3. NCTC 10576	98.7	98.1							
	4. JCM 3716	98.6	98.1	99.3						
	5. Fn 48	97.4	97.0	98.4	98.1					
	6. JCM 3719	98.7	97.9	99.4	99.3	98.2				
F. necrophorum subsp. *funduliforme*	7. JCM 3724^T	95.1	93.6	94.9	95.1	93.6	94.8			
	8. No 606	94.6	93.2	94.5	94.5	93.5	94.6	98.5		
	9. JCM 3717	95.2	93.7	94.8	95.1	93.8	95.1	99.4	98.9	
	10. Fn 139	95.1	93.8	95.6	95.0	94.2	95.4	97.6	97.3	97.5

^T：基準株

Ⅱ章の文献

Ⅰ　生物学的分類

Beerens, H., Fievez, L. et Wattré, P. Ann. Inst. Pasteur, 121, 37-41（1971）
Buchanan, R. E. and Gibbons, N. E. Bergey's Manual of Determinative Bacteriology,

8th ed., 404-416, Williams & Wilkins Company, Baltimore (1974)

Fievez, L. Étude comparée des souches de *Spharophorus necrophorus* isolées chez l'Homme et chez l'Animal, Presses Académiques Européenes, Bruxelles (1963)

Holdeman, L. V., Cato, E. P.and Moore, W. E. C. Anaerobe Laboratory Manual, 4th ed., Virginia Polytechnic Institute and State University, Blacksburg, Virginia (1977)

Prévot, A. R. Manuel de Classification et de Détermination des Bactéries Anaérobies. 3e éd., Masson et Cie, Paris (1957)

Shinjo, T. Jpn J. Vet. Sci., 48, 603-604 (1986)

Shinjo, T., Miyazato, S., Kaneuchi, C., and Mitsuoka, T. Jpn. J. Vet. Sci., 43, 233-241 (1981)

新城敏晴、中村憲雄、宮大農学部研究報告、26、167-171（1979）

II 分子遺伝学的分類

Aulakh, G. S. and Gallo, R. C.　Proc. Natl. Acad. Sci. USA, 74, 353-357 (1977)

Bailey, G. D. and Love, D. N. Int. J. Syst. Bacteriol., 43, 819-821 (1993)

Britten, R. J., Pavich, M. and Smith, J. Carnegie Inst. Washi. Yearbook, 68, 400-402 (1969)

Buchanan, R. E. and Gibbons, N. E. Bergey's Manual of Determinative Bacteriology, 8th ed., 404-416, Williams & Wilkins Company, Baltimore (1974)

Fievez, L. Étude comparée des souches de *Sphaerophorus necrophorus* isolées chez l'Homme et chez l'Animal. Presess Académiques Européennes. Brussels (1963)

Harasawa, R., Koshimizu, K., Pan, I. J. and Barile, M. F. Jpn. J. Vet. Sci., 47, 901-909 (1985)

Jin, J.H., Haga, T., Shinjo, T. and Goto, Y. J. Vet. Med. Sci., 66, 1243-1245 (2004)

Jin, J.H., Xu, D., Narongwanichgarn, W., Goto, Y., Haga, T. and Shinjo, T. J. Vet. Med. Sci., 64, 285-287 (2002)

Johnson, J. L. , Phelps, C. F., Cummins, C. S. London, J. and Gasser, F. Int. J. Syst. Bacteriol., 30, 53-68 (1980)

Kasai, H., Ezaki, T. and Harayama, S. J. Clin. Microbiol., 38, 301-308 (2000)

McClung, L. S. and Toabe, R. J. Bacteriol., 53, 139-147 (1947)

Maniatis, T., Jeffrey, A. and Kleid, D. G. Proc. Natl. Acad. Sci., 72, 1184-1185 (1995)

Marmur, J. J. Mol. Biol., 3, 208-218 (1961)

Marmer, J. and Doty, P. J. Mol. Biol., 5, 109-118 (1962)

Nakamura, K., Harasawa, R. and Shinjo, T. Jpn. J. Vet. Sci., 47, 313-316 (1985)

Narongwanichgarn, W. Detection and Differentiation of *Fusobacterium necrophorum* subspecies by PCR. A thesis submitted to The United Graduate School of Veterinary Sciences (Yamaguchi, Tottori, Miyazaki and Kagoshima Universities), (2002)

Prévot, A. R. Manuel de Classification et de Détermination des Bactéries Anérobies, 3e éd. Masson et Cie, Paris (1957)

Rigby, P. W., Diecrmann, M., Rhodes, C. and Berg, P. J. Mol. Biol., 113, 237-251(1977)

Shinjo, T., Fujisawa, T. and Mitsuoka, T. Int. J. Syst. Bacteriol., 41, 395-397 (1991)

Shinjo, T., Hiraiwa, K. and Miyazato, S. Int. J. Syst. Bacteriol., 40, 71-73 (1990)

Shinjo, T., Miyazato, S., Kaneuchi, C., and Mitsuoka, T. Jpn. J. Vet. Sci., 43, 233-241 (1981)

Tamada, H., Harasawa, R. and Shinjo, T. Jpn. J. Vet. Sci., 47, 483-486 (1985)

Venkateswaran, K., Dohmoto, N. and Harayama, S. Appl. Environ. Microbiol., 64, 681-687 (1998)

Yamamoto, S. and Harayama, S. Appl. Environ. Microbiol., 61, 1104-1109 (1995)

Yamamoto, S. and Harayama, S. Int. J. Syst. Bacteriol., 46, 506-511 (1996)

Yamamoto, S. and Harayama, S. Int. J. Syst. Bacteriol., 48, 813-819 (1998)

Yamamoto, S., Kasai, H., Arnold, D. L., Jackson, R. W., Vivian, A. and Harayama, S. Microbiology, 146, 2385-2394 (2000)

Ⅲ　章

種および亜種の同定・鑑別法

はじめに

*F. necrophorum*の種および亜種の同定・鑑別法を略記する。

Ⅰ．種および亜種の生物学的・生化学的同定法

1　VPI Manual（Anaerobe Laboratory Manual）による種の同定法

これまで本菌の種の同定にはVPI Manual（Holdeman *et al.*, 1977）が広く用いられてきた。分離菌がグラム陰性偏性無芽胞嫌気性桿菌であること、ブドウ糖あるいはペプトンからの主要代謝産物が酪酸であることを確認して*Fusobacterium*属と同定する。さらにインドール産生性、乳酸とスレオニンからプロピオン酸を産生する株を*F. necrophorum*と同定する。同書には亜種（以前は生物型）の同定法は記載されていない。

2　API 20Aキットによる種の同定法

API 20A multitest kit（Biomerieux, France）を用いて種の同定を行うことができる。種の同定が基本で亜種（以前の生物型）の記載はない。

3　亜種の同定法

*F. necrophorum*の2亜種はニワトリ赤血球凝集性の有無よって鑑別する（Fievez, 1963, Shinjo *et al.*, 1991）。凝集性を有する株が*F. necrophorum* subsp. *necrophorum*で、この性状を欠く株が*F. necrophorum* subsp. *funduliforme*である。2亜種の鑑別性状はニワトリ赤血球凝集性であるが、2亜種はまた、集落性状、溶血活性、菌形態および液体培地おける発育性状でも異なる（表Ⅱ-6）。すなわち、*F. necrophorum* subsp. *necrophorum*は扁平ラフ型集落を形成し、強い溶血活性を持ち、菌体は長桿菌ないしフィラメント状を呈し、液体培地では培地全体が混濁した発育性状を示す（Shinjo *et al.*, 1981）。これに対し、*F. necrophorum* subsp. *funduliforme*はスムースなドーム状集落で、溶血活性が

前者に比べて弱く、短桿菌で、液体培地では沈殿と上清透明の発育を示す。

II. 分子遺伝学的同定法

1）RAPD-PCRによる*Fusobacterium necrophorum*の亜種の鑑別

　*F. necrophorum*は2亜種に分類されている。両亜種は病原性も異なるので、種の同定とともに迅速な亜種の同定が必要である。本菌の種の同定にはVPI Manual（Holdeman *et al.*, 1977）やAPI 20Aキットが使用されているが、亜種の同定は触れられていない。本項ではVPI Manualにより*F. necrophorum*と同定した分離菌をAPI 20Aキットによって種を再同定した後、Shinjo *et al.*, (1991) の方法で亜種を決定した。さらに、これらの菌株を用いて亜種同定のためのRAPD-PCRの応用を試みた。

材料と方法

　既に生物学的・生化学的に*F. necrophorum* subsp. *necrophorum*と *F. necrophorum* subsp. *funduliforme*と同定された17株の分離菌株と参考菌株として両亜種の基準株である*F. necrophorum* subsp. *necrophorum* JCM 3718^T（基準株、VPI 2891）と*F. necrophorum* subsp. *funduliforme* JCM 3724^T（基準株、VPI 6161）の合わせて19株について試験した。プライマーはW1L-2（TCACGATGCA）（Williams *et al.*, 1993）を用いて供試菌株をRAPD-PCR分析した。

結　果

　API 20Aキットによる試験では全菌株が*F. necrophorum*と同定された。赤血球凝集試験では*F. necrophorum* subsp. *necrophorum* JCM 3718^T（VPI 2891）と分離菌株の7株が陽性を示し、*F. necrophorum* subsp. *funduliforme* JCM 3724^T（VPI 6161）と分離菌株の7株が陰性であった（表III-1）。

　RAPD-PCR解析では使用した4つのランダムプライマーの内、プライマーWIL-2（Williams *et al.*, 1993）により*F. necrophorum* subsp. *necrophorum*

にのみ2.4-kbのバンドが形成され（図Ⅲ-1）、両亜種の鑑別が可能であった（Narongwanichgarn, 2002）。

表Ⅲ-1　従来法とRAPD-PCRによる亜種の鑑別

菌　　株	血球凝集性	RAPD-PCR (WIL-2)*	同　　　定
JCM 3718[T]	+	+	
Fn 138	+	+	
Fn 141	+	+	F. necrohorum subsp.
Fn 147	+	+	necrophorum
Fn 151	+	+	
Fn 154	+	+	
Fn 161	+	+	
Fn 169	+	+	
JCM 3724[T]	−	−	
Fn 56	−	−	
Fn 63	−	−	F. necrohorum subsp.
Fn 139	−	−	funduliforme
Fn 145	−	−	
Fn 146	−	−	
Fn 153	−	−	
Fn 167	−	−	

[T]：基準株
*：TCACGATGCA

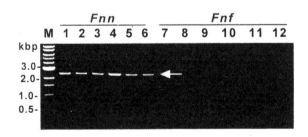

図Ⅲ-1　プライマーWIL-2を用いたRAPD-PCRで2.4kbの１本のバンドが出現
　F.n.n.：*F.necrophorum* subsp. *decrophorum*
　F.n.f.：*F.necrophorum* subsp. *funduliforme*
　M：分子量マーカー、1：JCM 3718[T]、2：NCTC 10576、3：JCM 3716、4：Fn 47、
　5：N 167、6：SPH 6、7：JCM 3724[T]、8：JCM 3717、9：Fn 49、10：N 606、
　11：SPH 1、12：SPH 11
　JCM 3718[T]およびJCM 3724[T]は亜種の基準株

考　察

　VPI Manual（Holdeman *et al.*, 1977）により *F. necrophorum* と同定された *F. necrophorum* は市販のキットによっても同様の同定結果であった。これらの菌株は赤血球凝集性を調べる事により亜種を決定することができた。さらに、従来の方法に加えて本菌に特異的なプライマーWIL-2（TCACGATGCA）（Williams *et al.*, 1993）を用いてRAPD-PCR法を実施した結果、*F. necrophorum* subsp. *necrophorum* のみに増幅産物が得られた。この方法は *F. necrophorum* の亜種の新しい迅速鑑別法として有用な手技であると考えられる。

2）実験感染させたマウス体内の *F. necrophorum* のPCRによる検出同定法

　F. necrophorum は人や動物の化膿や壊死の原因菌として重要な嫌気性菌で、同定には伝統的な種々の方法が用いられてきた。嫌気性菌であるため、特種な培地、煩雑な培養法や検査法が要求され費やす時間も長くなる。さらに、本菌が人や動物の常在菌で、健康で抗体を有する個体が存在するため血清学的診断も困難である。しかし、臨床細菌学的には迅速な同定法が必要になってくる。嫌気性菌も含めて幅広い細菌の同定に分子生物学的な手法が応用され成功している（Yamashita *et al.*, 1994, Kuwahara *et al.*, 1996）。前項で述べたように、*F. necrophorum* にもRAPD-PCRが応用されている。しかし、外来性DNAの存在や本反応の阻害因子のために血液、肝膿瘍やその他の膿瘍のような臨床材料に本法を応用することは困難である。高感度で高特異的な核酸標的を利用すれば、*F. necrophorum* を正確に同定する代替法を提供できるかも知れない。感染マウスからの *F. necrophorum* の回収は培養法によって行われる。本研究では *rpoB* 遺伝子からデザインした特異的プライマーを用いたPCRアッセイをマウスモデルにおける *F. necrophorum* 感染の検出に応用した。これは臨床細菌における *F. necrophorum* 同定法の有用な方法としての報告である。

材料と方法

菌株は*F. necrophorum* subsp. *necrophorum* JCM 3718^{T}株（VPI 2891）を用い、培養菌液を滅菌GAMブイヨンで 10^9cfu／mlに調製して接種菌とした。接種菌液を10倍段階希釈して接種生菌数を算定した。マウスはICR系6週齢雄マウス20匹を*F. necrophorum* subsp. *necrophorum*の実験的急性感染に用いた。マウスは15匹と5匹に群別し、前者には菌液（10^9cfu／ml）の0.3mlを静脈内に接種し、後者には滅菌GAMブイヨン0.3mlを同様に接種し、対照とした。本実験は宮崎大学農学部動物実験指針および国の法に基づき実施した。

マウスは感染マウス3匹と対照マウス1匹から感染後1、3、5、7および14日に心臓穿刺により1.5mlを採取し、生菌数を計測した。肝膿瘍は定性培養による回収とPCR法により接種菌を確認した。

DNAの抽出は血液200μlから抽出した。細菌のDNAは赤血球の溶解前にQIAamp tissue kit（Quigen, Hilden, Germany）を用いて用意した。膿瘍の場合の細菌のDNAはアルカリ熱処理法（Misawa *et al.*, 2002）により膿から抽出した。そして、5μlのDNA液をPCR反応における鋳型として用いた。人工的に加えられた材料におけるPCR法の感度を調べた。集菌して、10倍階段希釈してマウス血液の200μlに混ぜた。血液材料中のDNAもQIAamp tissue kitにより抽出した。陰性対照を置いた。

PCRは*F. necrophorum* subsp. *necrophorum rpoB*遺伝子（GenBank）に基づいて考案されたプライマーTP1（TCTACGTATGCCTCACGGAT）-TP2（AGGAATATGAGGATGAGGAT）を用いて行った。

結　果

培養による細菌の回収

F. necrophorum subsp. *necrophorum*を$3×10^8$cfu／mlを実験感染させた全てのマウスは接種後の行動の不活発さと食欲の欠如の症状を示した。感染マウスの血液培養およびPCRの結果は表Ⅲ-2に示した。1、3および14日後には血液から菌が回収されたが、5および7日には分離されなかった。肝

表Ⅲ-2 接種菌の培養とPCRによる検出

接種後日数	血液 培養[a]	血液 PCR[b]	肝 形成[b]	膿瘍 培養[b]	膿瘍 PCR
1	5.53±0.01	+	−	+	実施せず
3	3.83±0.06	+	−	+	実施せず
5	−	+	1/3[c]	+	1/3[d]
7	−	+	−	+	実施せず
14	5.43±0.01	+	3/3[c]	+	3/3[d]

[a]: 数字は3匹の血液1ml中の生菌数の平均の対数、文中では実数で説明
[b]: +は陽性、−は陰性
[c]: 接種5日後に3匹中1匹に、接種14日後に3匹中3匹に肝膿瘍形成
[d]: 膿瘍形成肝のPCR陽性数

膿瘍からは全例から接種菌が回収された。対照の5匹は、各1匹を1、3、5、7および14日後に剖検した。いずれのマウスも異常が認められなかった（Narongwanichigarn, 2002）。

　PCRの結果では血液材料では全検査日で陽性を示した。5日後の1例と14日後の3例に形成された肝膿瘍ではPCRが陽性であった（表Ⅲ-2）。

　PCR法の感度は *F. necrophorum* subsp. *necrophorum* の血中濃度が少なくとも 10^2 cfu／mlで検出できた（Narongwanichgarn, 2002）．

考　察

　接種菌は1日から3日にかけて菌数が減少し、5日および7日には回収されなかった。それは貪食細胞による食菌の結果であろう。また、14日に再度菌が検出されたのは形成された体内の膿瘍に起源をもつものであろう。

　PCR法は臨床例でも広く使用されてきたが、*F. necrophorum* 感染の臨床例での利用報告はない。主な理由はPCRを阻害し、PCRの感度を下げる物質の試料中への混入、そしてまた *F. necrophorum* 種を増幅させる特異的なプライマーがないことに起因していた。今回、*rpoB* 遺伝子に基づいて作成したプライマー対を用いて *F. necrophorum* subsp. *necrophorum* を実験感染させたマウスの臨床材料から本菌の検出に応用し、全血液と肝膿瘍から陽性の結果を得

た。全ての細菌培養陽性例でPCRも陽性で、100％の一致であった。一方、培養陰性例でもPCRが陽性の例があった。PCR法は培養不能菌や死菌にも陽性を示すためである。臨床例から*F. necrophorum*を検出する手段としてはPCR法が培養法よりより感度が高いといえる。PCR法は全血や肝膿瘍から直接*F. necrophorum*を同定することができ、検査も1日以内で可能である。本法は*F. necrophorum*の検出における価値ある実験室診断法となるであろう。

Ⅲ章の文献

Ⅰ 種および亜種の生物学的・生化学的同定法

Fievez, L. Étude comparée des souches de *Spharophorus necrophorus* isolées chez l'Homme et chez l'Animal, Presses Académiques Européenes, Bruxelles (1963).

Holdeman, L. V., Cato, E. P. and Moore, W. E. C. Anaerobe Laboratory Manual, 4th ed., Virginia Polytechnic Institute and State University, Blacksburg, Virginia (1977).

Shinjo, T., Fujisawa, T. and Mitsuoka, T. Int. J. Syst. Bacteriol., 41, 395-397 (1991)

Shinjo, T., Miyazato, S., Kaneuchi, C. and Mitsuoka, T. Jpn. J. Vet. Sci., 43, 233-241 (1981).

Ⅱ 分子遺伝学的同定

Holdeman, L. V., Cato, E. P. and Moore, W. E. C. Anaerobe Laboratory Manual, 4th ed., Virginia Polytechnic Institute and State University, Blacksburg, Virginia (1977).

Kuwahara, T., Akimoto, S., Ugai, H., Kamogashira, T., Kinouchi, T. and Ohnishi. Y. Lett. Appl. Microbiol., 22, 361-365 (1996).

Misawa, N., Kawashima, K., Kawamoto, H. and Kondo, F. J. Med. Microbiol., 51, 86-89 (2002).

Narongwanichgarn, W. Detection and Differentiation of *Fusobacterium necrophorum* Subspecies by PCR. A thesis submitted to The United Graduate School of Veterinary Sciences (Yamaguchi, Tottori, Miyazaki and Kagoshima Universities), Japan (2002).

Shinjo, T., Fujisawa, T. and Mitsuoka, T. Int. J. Syst. Bacteriol., 41, 395-397 (1991)

Yamashita, Y., Kohno, S., Koga, H., Tomono, K. and Kaku. M. J. Clin. Microbiol., 32, 679-683 (1994).

Williams, J. G., Hanafey, M. K., Rafalsky, J.A., Tingey, S. V. Meth. Enzymol., 218, 704-740 (1993).

Ⅳ 章

病原因子

はじめに

*Fusobacterium necrophorum*のうち、*F. necrophorum* subsp. *necrophorum*は主として牛肝膿瘍のような病巣から分離され、マウスに接種するとこれを致死させる。一方、*F. necrophorum* subsp. *funduliforme*は主として消化管内などから正常細菌叢の一員として分離され、マウスを致死させない。本菌の病原性に関係すると考えられる幾つかの因子について、両亜種を比較した。

I. 溶血活性

1）両亜種の寒天平板培地における溶血環の比較

溶血素は細菌の病原因子の一つで、*F. necrophorum*の両亜種ともβ溶血性を示す。病原性の異なる両亜種の菌株について、ウマおよびウサギの血液を用いて平板培地上における両亜種の溶血環の直径を比較した。

材料と方法

菌株は*F. necrophorum* subsp. *necrophorum*としてJCM 2718^T（基準株、VPI 2891）、JCM 3716、N 167、Fn 47、Fn 127およびFn 128の6株、*F. necrophorum* subsp. *funduliforme*としてJCM 3724^T（基準株、VPI 6161）、JCM 3717、Fn 49、Fn 52およびFn 57の5株、合わせて11株を使用した。

ウマおよびウサギの血液をBM寒天平板培地（中村ら、1974）に5％の割合に添加し、寒天平板上に被検菌株を塗抹して速やかにCO_2置換スチール法により37℃、48時間嫌気培養した。培養後溶血環の直径を測定し、溶血環の直径が1.4mm以下を＋、1.5mm〜2.4mmを‖、2.5mm以上を‖と表現した。

結 果

F. necrophorum subsp. *necrophorum*の6株はウサギ血液を用いた場合は5株が＋＋＋、1株が＋＋、ウマ血液では全て＋＋であった。一方、*F. necrophorum* subsp. *funduliforme*ではウサギ血液の場合、5株が＋＋、1株が＋、ウマ血液では1株が＋＋で残りの5株は＋であった。定性的な両亜種の溶血活性の比較では前者が強い傾向にあった（表Ⅳ-1）。

表Ⅳ-1　血液寒天平板上の溶血環

亜　種[1]	菌　株	血　球[2]	
		ウサギ	ウマ
Fnn	JCM 3718[T]	⫲	⫲
	JCM 3716	⫲	⫲
	N 167	⫲	⫲
	Fn 47	⫲	⫲
	Fn 127	⫲	⫲
	Fn 128	⫲	⫲
Fnf	JCM 3724[T]	＋	＋
	JCM 3717	⫲	⫲
	Fn 49	⫲	＋
	Fn 52	⫲	＋
	Fn 57	⫲	＋

[1]　Fnn：*F. necrophorum* subsp. *necrophorum*
　　Fnf：*F. necrophorum* subsp. *funduliforme*
[2]：溶血環の直径．＋: 1.4 mm以下、⫲; 1.5-2.4 mm、⫲; 2.5 mm以上
[T]：基準株

考　察

病原性の強い*F. necrophorum* subsp. *necrophorum*がやや広い溶血環を形成したが、さらに、定量的な溶血活性の比較を試みることにした。

2）両亜種の溶血活性の定量的比較

前項の定性的な溶血活性の比較に続いて、本項では両亜種の溶血活性を定量的に比較した。

材料と方法

F. necrophorum subsp. *necrophorum*はJCM 3718[T]（基準株、VPI 2891）、JCM

3716およびNCTC 10576の3株、F. necrophorum subsp. funduliformeはJCM 3724^T（基準株、VPI 6161）、JCM3717およびFn 513の3株、計6株を使用した。

使用培地

両亜種の溶血活性の比較のためにBPPY培地（Miyazato et al., 1978）、市販の嫌気性培地のGAMブイヨン培地（日水製薬）、チオグリコレート培地（Difco, U.S.A.）およびクックドミート培地（栄研化学）の4種の培地を用いた。また、培養時間による溶血活性の推移を調べるための試験には最も強い溶血活性を示したGAMブイヨン培地（日水製薬）を用いた。

溶血活性の測定

König et al.（1987）の方法により定量的に溶血活性を測定した。供試菌株の新鮮培養菌を供試各種培地に接種して、37℃、24時間培養後の菌液を3,000rpm、20分間、遠心沈殿して得られた上清を試料とした。2％洗浄ウマ赤血球4mlと上清0.8mlを混合して37℃、30分間反応させた後、低温に保持した。非溶解の赤血球を1,500rpm、5分間の遠心により除去し、上清中のヘモグロビンを分光高度計により波長530nmにおけるOD値として測定した。結果は蒸留水内における溶血赤血球にたいする溶血の百分率で示した。

結　果

供試菌株の4培地における溶血活性を表Ⅳ-2および図Ⅳ-1に示した。F. necrophorum subsp. necrophorum各3株のBPPY培地（Miyazato et al., 1978）、GAMブイヨン培地（日水製薬）、チオグリコレート培地（Difco, U.S.A.）およびクックドミート培地（栄研化学）における溶血活性の平均値は58.6％、78.6％、56.3％および48.8％であった。同様にF. necrophorum subsp. funduliformeの各培地における3株の平均値は19.0％、59.0％、23.7％および7.4％であった。全ての培地においてF. necrophorum subsp. necrophorumがF.

表Ⅳ-2　4種の培地における両亜種の定量的溶血活性値（％）

亜種[1]	菌株	使用培地[2]および溶血活性値(%)[3]			
		BPPY	GAM	TG	CM
Fnn	JCM 3718^T	65.7(2.3)[d]	77.9(0.1)	59.6(1.4)	42.3(1.4)
	JCM 3716	57.8(2.0)	74.9(3.4)	53.7(1.1)	50.4(3.4)
	NCTC 10576	52.3(4.0)	83.1(2.0)	55.7(3.2)	53.6(4.7)
	平均	58.6(6.7)	78.6(4.1)	56.3(3.0)	48.8(5.8)
Fnf	JCM 3724^T	22.1(1.9)	61.7(0.3)	24.3(2.3)	6.4(2.9)
	JCM 3717	18.5(1.2)	61.8(0.5)	22.5(4.6)	3.0(1.2)
	Fn 513	15.8(2.4)	56.4(0.9)	23.1(5.0)	8.4(1.4)
	平均	19.0(4.4)	59.0(3.8)	23.7(0.9)	7.4(1.5)

[1] および^T：表Ⅳ-1の脚注参照
[2] BPPY：Beef extract-proteose peptone-phytone-yeast extract 培地（自家製）
　　BPY：Beef extract-peptone-yeast extract培地（自家製）
　　GAM：GAMブイヨン培地（日水製薬, 東京）
　　TG：Thioglycollate培地(Difco, Detroit, U.S.A.)
　　CM：クックドミート培地（栄研化学, 東京）
[3] カッコ内標準偏差

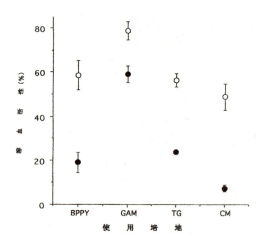

図Ⅳ-1　4種の培地における*F. necrophorum* subsp. *necrophorum*（Fnn）
　　　　および*F. necrophorum* subsp. *funduliforme*（Fnf）の溶血活性
　　　BPPY, GAM, TGおよび（M：表Ⅳ-2）脚注参照
　　　○：Fnn（JCM 3718^T）
　　　●：Fnf（JCM 3724^T）
　　　^{T}：基準株

necrophorum subsp. *funduliforme* より強い活性を示した。また、両亜種とも GAMブイヨン培地において最も高い溶血率を示した。

考　察

　使用した全ての培地において、*F. necrophorum* subsp. *necrophorum* が *F. necrophorum* subsp. *funduliforme* より強い溶血活性を示した。溶血活性の強さはGAMブイヨン培地、BPPY培地、チオグリコレート培地、クックドミート培地の順であった。等量の培地からの菌の収量もこの順であった。増殖菌量に依存した溶血素の産生量の違いと推察された。容易に入手できる何れの市販培地を用いても両亜種の溶血活性の比較は可能であった。

　溶血素は細菌の持つ病原因子の一つで、細菌の病原性に関わっている（Asano *et al*., 1984、Geoffroy *et al*., 1987; Ike *et al*., 1984; König *et al*., 1987; Scheffer *et al*., 1985）。これまで本菌の菌株間に溶血素産生能の違いがあることは報告されている（Emery *et al*., 1985）が、亜種間の溶血活性を比較した報告はない。両亜種の基準株も加えて溶血活性を定量的に比較検討した結果、*F. necrophorum* subsp. *necrophorum* がより強い活性を有した。*F. necrophorum* subsp. *necrophorum* は主として病巣から分離され、マウスを致死させ（Shinjo, 1983）、動物細胞によく付着し（Shinjo *et al*., 1988）、高い疎水性を示す（Shinjo, *et al*., 1987）。一方、*F. necrophorum* subsp. *funduliforme* は主として動物の消化管（Kanoe *et al*., 1975）から分離され、マウスを致死させず（Fievez, 1963; Shinjo, 1983; Shinjo *et al*., 1987）、細胞付着性は弱く（Shinjo *et al*., 1988）、疎水性も弱い（Shinjo *et al*., 1987）。Kanoe and Iriki（1985）は本菌の溶血素は動物の白血球に毒性を示すと報告している。本菌の溶血素は他の菌におけると同様に本菌においても病原因子の一つと考えられる。

3）溶血活性の時間的推移

　前項で最も溶血活性の強かったGAMブイヨン培地（日水製薬）を用いて、両亜種菌株の培養時間の推移における溶血活性を比較した。

材料と方法

GAMブイヨン培地（日水製薬）を用いて、前項と同じ菌株を用いて同様の方法により試験した。

結　果

溶血活性の経時的推移を調べた結果は、表IV-3および図IV-2に示した。*F. necrophorum* subsp. *necrophorum* と *F. necrophorum* subsp. *funduliforme* との間には最高の溶血活性に到達する時間と活性の強さには違いがみられた。*F. necrophorum* subsp. *necrophorum* の 6 時間、12時間、24時間、48時間および72時間培養後における 3 株の平均溶血活性はそれぞれ、70.5％、91.3％、78.6％、54.0％および40.5％で、*F. necrophorum* subsp. *funduliforme* の各培養時間における活性はそれぞれ37.6％、52.3％、59.0％、33.3％および18.3％であった。全ての培養時間の溶血活性は *F. necrophorum* subsp. *necrophorum* が *F. necrophorum* subsp. *funduliforme* より強かった。また、*F. necrophorum* subsp. *necrophorum* ではすでに12時間培養で最高の活性を示したが、*F. necrophorum* subsp. *funduliforme* の最高の活性を示した培養時間は24時間であった。*F. necrophorum* subsp. *necrophorum* が溶血素の分泌がはやく、分泌量も *F. necrophorum* subsp. *funduliforme* より多かった（表IV-3、図IV-2）。

表IV-3　各培養時間における両亜種の溶血活性値

亜　種[1)]	菌　株	各時間における溶血活性値（％）				
		6	12	24	48	72
Fnn	JCM 3718[T]	74.6(3.7)	97.1(2.2)	77.9(0.1)	56.6(1.6)	45.8(1.5)
	JCM 3716	72.0(2.6)	86.5(3.3)	74.9(3.4)	50.7(1.5)	39.5(2.8)
	NCTC 10576	64.9(8.5)	90.4(7.9)	83.1(2.0)	54.6(5.3)	36.3(2.9)
	平均	70.5(5.0)	91.3(5.4)	78.6(4.1)	54.0(3.0)	40.5(4.8)
Fnf	JCM 3724[T]	26.3(1.4)	48.0(1.9)	61.7(0.3)	27.6(2.2)	13.8(1.3)
	JCM 3717	46.6(2.1)	58.4(0.8)	61.8(0.5)	35.2(4.1)	27.5(3.3)
	Fn 513	48.9(2.9)	56.6(1.0)	56.4(0.9)	39.0(2.3)	22.8(0.6)
	平均	37.6(16.0)	52.3(6.1)	59.0(3.8)	33.3(8.1)	18.3(6.4)

[1)] および[T]：表IV-1の脚注参照

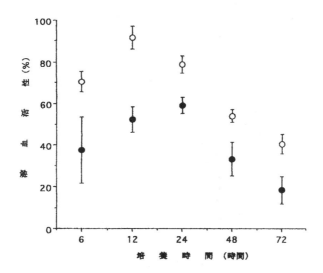

図Ⅳ-2 GAMブイヨンにおける*F. necrophorum* subsp. *necrophorum*(Fnn)および*F. necrophorum* subsp. *funduliforme*(Fnf)の各培養時間における溶血活性。
○ : Fnn (JCM 3718[T])
● : Fnf (JCM 3724[T])
[T] : 基準株

考 察

　溶血素産生性を本菌の病原因子の一つとして考えた場合、病原性の強い*F. necrophorum* subsp. *necrophorum*が培養時間の早い時期から溶血素を産生し、産生量も多かったことから本菌の感染初期における*F. necrophorum* subsp. *necrophorum*の溶血素の役割は大きいことが推察できる。

4) *In vivo*における定量的溶血活性の比較

　F. necrophorum subsp. *necrophorum*と*F. necrophorum* subsp. *funduliforme*の両亜種の*in vitro*の検査では病原性の強い前者が溶血活性も強かった。しかし、*in vivo*における報告はない。マウスに両亜種の菌株を接種して、肝臓内の溶血活性を経日的に調べた(Shinjo *et al.*, 1996)。

材料と方法

感染マウスの肝臓内溶血素の検査には、F. necrophorum subsp. necrophorum JCM 3718^T（基準株、VPI 2891）および F. necrophorum subsp. funduliforme JCM 3724^T（基準株、VPI 6161）をそれぞれ12匹のマウス腹腔内に接種して、1、2、4および7日後に頸椎脱臼死した各3匹のマウスから肝臓を採取し、生菌数と溶血活性を調べた。肝臓内溶血価の測定はホモジナイズした肝臓を2倍階段希釈し、その希釈液の25μlを1.5%馬血液燐酸緩衝液寒天（1.5%）平板に滴下して室温に1夜静置後、溶血の認められた最高希釈を溶血価とした。

結 果

F. necrophorum subsp. necrophorum接種マウスでは全てのマウスの肝臓内に1：128から1：16の範囲で溶血素が存在し、接種菌も全てのマウスの肝臓から$3.2 \times 10^6 \sim 6.0 \times 10^4$／gで分離された。7日後に剖検した3匹のマウスに肝膿瘍が形成された。F. necrophorum subsp. necrophorum接種マウスでは接種1日後にすでに高い溶血素の産生が認められ、ピークは接種4日後であった。肝膿瘍が形成された7日後には活性は下降した。一方、F. necrophorum subsp. funduliformeでは溶血活性は弱く、肝膿瘍も形成されなかった。in vivoにおいても、in vitro同様F. necrophorum subsp. necrophorumの溶血活性が強かった（表Ⅳ-4）。また、回収菌数の平均値もF. necrophorum subsp. necrophorumが5×10^7／gで、F. necrophorum subsp. funduliformeが4×10^6／gで、F. necrophorum subsp. necrophorumが多かった。

考 察

細菌の病原因子として機能していると考えられているF. necrophorum両亜種の溶血活性はin vivoにおいても、in vitro同様F. necrophorum subsp. necrophorumが強かった。また、感染の早い時期から産生され、感染初期に組織の傷害、菌の増殖に必要な環境整備に重要な役割を演じていることを示唆しているものと考えられた。

表IV-4 両亜種接種マウスにおける肝膿瘍形成、肝臓内溶血素価および生菌数

亜種[1]	感染後日数	マウス番号	肝膿瘍形成	肝臓内溶血素価	生菌数(コロニー形成単位のLog$_{10}$値)
Fnn	1	1	−	1:32	5.3
		2	−	1:32	6.2
		3	−	1:32	5.4
	2	1	−	1:16	5.5
		2	−	1:32	5.5
		3	−	1:32	6.5
	4	1	−	1:64	5.8
		2	−	1:128	6.4
		3	−	1:32	4.8
	7	1	+	1:16	6.4
		2	+	1:16	5.3
		3	+	1:16	5.3
Fnf	1	1	−	<1:2	5.3
		2	−	<1:2	3.6
		3	−	1:8	5.2
	2	1	−	1:8	4.9
		2	−	1:8	5.5
		3	−	<1:2	3.3
	4	1	−	1:16	5.3
		2	−	1:32	5.5
		3	−	1:16	<3.3
	7	1	−	1:4	<3.3
		2	−	1:8	5.3
		3	−	1:4	5.5
対照	1	1	−	<1:2	検査せず
	2	2	−	<1:2	検査せず
	3	3	−	1:2	検査せず
	4	4	−	<1:2	検査せず

[1]: 表IV-1の脚注参照

II. 赤血球凝集性

1) *F. necrophorum* subsp. *necrophorum* の赤血球凝集反応

著者らは*F. necrophorum* subsp. *necrophorum*は赤血球凝集能を有するが、*F. necrophorum* subsp. *funduliforme*はその性状を欠き（Shinjo *et al.*, 1991)、また

その性状の有無は病原性の強弱とも関連していることを報告した（Shinjo et al., 1981a）。ここでは、ニワトリ赤血球凝集能を有する F. necrophorum subsp. necrophorum の血球凝集反応について、培養時間、反応温度、加熱の影響、菌の生死と赤血球凝集の関係やま血球凝集性と線毛との関係を探る糸口として高速ホモジナイザー処理菌の血球凝集性も検討した。

材料と方法

使用菌株はJCM 3718^T（基準株、VPI 2891）、JCM 3716、N 167およびFn 47の4株である。血球凝集反応は、試験管法により、ニワトリ赤血球は滅菌生理食塩水で4回洗浄して、同液で1％赤血球液とした。被検菌はBPY培地（Shinjo et al., 1981b）で培養後2回滅菌生理食塩水を用いて洗浄し、再び同液に浮遊させてMcFarland No.4の濃度に調整した。この菌液を基点として128倍まで倍数希釈した。菌液と赤血球液は等量に加えてよく混ぜ静置して、2時間後凝集の有無を判定した。

培養時間と血球凝集価の関係を調べるため、被検菌を24、48および72時間培養して、血球凝集反応を実施した。反応温度と血球凝集価の関係は、4℃、室温（18～22℃）および37℃で試験した。加熱処理による血球凝集価の影響を調べるための試験は、56℃、60℃、80℃および100℃で30分間加熱した菌液について反応を行った。死菌の赤血球凝集能を調べるための死菌の調製は、培養、洗浄後生理食塩水菌液の状態にして室温で保存して死滅させた。生死の確認は菌液を増菌培養により行った。脱線毛後の菌体の血球凝集性を調べる試験では、菌体を高速ホモジナイザー（ユニバーサルホモジナイザーHDⅡ型、日本精機製作所）で5分間ホモジナイズ後、遠心沈殿して得られた沈渣を用いた。なお、加熱処理菌、死菌および脱線毛菌の血球凝集反応は48時間培養菌を用いて反応は室温で実施した。

結　果

培養時間と血球凝集価の関係では24時間培養菌では低く、48時間培養で上

昇し、72間培養菌も48時間培養菌と同じ血球凝集価を示した（表Ⅳ-5）。以後の実験では48時間培養菌を用いた。赤血球凝集反応を4℃、室温（18－22℃）および37℃の異なる温度で実施したところ、反応温度の血球凝集価への影響は少なく、3反応温度の結果はほぼ同じ値であった（表Ⅳ-6）。

加熱と血球凝集価の関係では、56℃、60℃、80℃および100℃、各30分間の熱処理による血球凝集価を調べた結果、56℃30分の加熱では、非加熱の対照と同じ血球凝集価を示したが、60℃30分間の加熱ではやや低下し、80℃および100℃の加熱では消失した（表Ⅳ-7）。好気的条件下の室温静置により自然死させた死菌の血球凝集価は生菌と同じ値を示した（表Ⅳ-8）。高速ホモジナイザー処理した菌液の凝集価（表Ⅳ-9）も変化はなかった。

表Ⅳ-5　培養時間と赤血球凝集価

菌　株	培　養　時　間		
	24	48	72
JCM 3718[T]	16[1)]	16	16
JCM 3716	2	8	8
N 167	8	32	32
Fn 47	16	32	32

[T]：表Ⅳ-1参照
[1)]：数値は血球凝集価（菌液の希釈倍数）

表Ⅳ-6　反応温度と赤血球凝集価

菌　株	反　応　温　度		
	4℃	室温[1)]	37℃
JCM 3718[T]	8	8	8
JCM 3716	8	16	8
N 167	8	8	8
Fn 47	8	16	16

[1)]：18-22℃
[T]：表Ⅳ-1参照

表IV-7　加熱菌体の赤血球凝集価

菌株	対照	30 分 間 加 熱			
		56℃	60℃	80℃	100℃
JCM 3718^T	8	8	4	0	0
JCM 3716	16	16	2	0	0
N 167	8	8	4	0	0
Fn 47	16	16	8	0	0

T：表IV-1参照

表IV-8　自然死菌液[1]の赤血球凝集価

菌株	対照	死菌液[1]
JCM 3718[T]	16	32
JCM 3716	16	16
N 167	32	16
Fn 47	32	32

[1]：好気的環境下で3日間室温に静置して自然死させた菌液
T：表IV-1参照

表IV-9　高速ホモジナイズ処理した菌液の赤血球凝集価

菌株	対照	ホモジナイズ処理菌液
JCM 3718[T]	8	8
JCM 3716	16	16
N 167	8	8
Fn 47	16	16

T：表IV-1参照

考　察

　ニワトリ赤血球凝集性は、F. necrophorumの病原性と関連があり、強病原性のF. necrophorum subsp. necrophorumが凝集性であるのに対し、弱病原性のF. necrophorum subsp. funduliformeは非凝集性である（Shinjo et al., 1981a）。赤血球凝集能を有するF. necrophorum subsp. necrophorumを用いて、培養時間、反応温度、熱耐性性、脱線毛菌の赤血球凝集性を調べた。

　先ず、培養時間の検討では、48時間以上の培養が必要であること、反応温度の比較では温度による違いがなかった。以後の実験では48時間培養菌を用いて、室温で反応を実施した。熱処理の実験結果から本菌の血球凝集素は易熱性であることが判明した。本菌の血球凝集素についてはまだ明らかではないが、多くの菌で線毛は易熱性で血球凝集素であること、F. necrophorum subsp. necrophorumにも線毛が存在することなどから判断して、本菌の血球

凝集素も線毛である可能性が持たれたので、高速ホモジナイザー処理で脱線毛した菌の血球凝集価を測定した。ホモジナイザー処理による血球凝集価の低下は認められなかった。脱線毛処理が不十分であったのか、他の菌体成分が血球凝集素であるのかは今後の課題として残った。

2) ニワトリ赤血球凝集性の安定性

Beerens *et al.*, (1971) は継代により血球凝集性を失い、当時の分類の生物型A（現在の*F. necrophorum* subsp. *necrophjorum*）から生物型B（現在の*F. necrophorum* subsp. *funduliforme*）へと変異すると報告した。もし継代により赤血球凝集性株が非凝集性株へと変異し、病原性も減弱するとすれば、本菌の病原性と赤血球凝集性との関係を論ずる上で重要と考え、それを確認する目的で、継代の赤血球凝集価への影響を調べた。

材料と方法

赤血球凝集能を有する*F. necrophorum* subsp. *necrophorum* JCM 3718^T（基準株、VPI 2891）、JCM 3716 (Fn 43)、JCM 3720 (VPI 6054-A)、Fn 47、SPH 1およびSPH 29の6株を供試した。菌株を馬あるいは牛血液5％添加GAM寒天培地（日水製薬、東京）に塗抹して、CO_2置換スチールウール法により嫌気的に培養し、2日あるいは3日間隔で100代まで継代した。ニワトリ赤血球凝集性のうち、スライドグラス法は継代ごとに、試験管法は10代ごとに実施した。

結　果

スライド法では全菌株が全試験期間中陽性結果を示した。試験管法による結果は表IV-10に示した。凝集価は初代から100代まで安定して推移した (Shinjo, 1986)。

表Ⅳ-10 *F. necrophorum* subsp. *necrohorum*の継代と赤血球凝集価

菌 株	継 代 数			
	1	10	50	100
JCM 3718^T	16$^{1)}$	16	8	16
JCM 3716	8	8	8	8
JCM 3720	16	16	32	16
Fn 47	8	8	8	16
SPH 1	8	8	8	8
SPH 29	32	32	32	32

^{T}: 表Ⅳ-1参照
$^{1)}$: 表Ⅳ-5参照

考 察

ニワトリニワトリ赤血球凝集性は分類指標でもあり、また同時に病原性の指標でもある。病原性と深く関係している赤血球凝集性は長く保持されていることが判明した。

3) *F. necrophorum* subsp. *necrophorum*の赤血球凝集能欠損株のマウス病原性（Shinjo and Kiyoyama, 1986）

F. necrophorum subsp. *necrophorum* JCM 3716（Fn 43、肝膿瘍分離株）を培養して集落を観察中、寒天平板上に*F. necrophorum* subsp. *necrophorum*の典型的な集落と異なる集落が出現した。この集落を調べたところ、*F. necrophorum*の性状は保持しているが、赤血球凝集能を欠く赤血球凝集能欠損変異株であることが判明した。そこで、親株であるJCM 3716とその変異株であるJCM 3716HA$^-$株のマウスにおける病原性を比較した。

材料と方法

2株の培養菌液3 ml（親株は6.0×10^7／マウス、変異株は6.4×10^8／マウス）を5週齢の各10匹のICR系雄マウスの腹腔内に接種した。実験期間中斃死マウスはその都度速やかに剖検して、肝膿瘍、膿瘍のない肝臓、腎臓および肺の細菌培養を行った。対照として5匹のマウスに培地を等量の3 mlを接種

して観察した。生残したマウスは11日あるいは12日後に頸椎脱臼で屠殺して剖検と細菌培養を実施した。線毛の確認も行った。

結　果

　親株を接種したマウスは元気、食欲が無く、皮毛粗剛、削痩が顕著で10匹中9匹が斃死した。生残したマウスも含めてすべてのマウスに肝膿瘍が形成され、そのマウスの肝膿瘍、同じ肝臓の非膿瘍部、脾臓、腎臓および肺から接種菌が回収された。11日間生残した1匹のマウスはその間に1gの体重増であったが、6～8日後に斃死したその他のマウスは体重が3～7g減少した（表IV-11）。一方、変異株接種マウスは全例が実験期間を通して生残し、6匹に肝膿瘍が認められたが、体重増加は対照と同等であった。接種菌は肝膿瘍および膿瘍を形成した肝臓の非膿瘍部のみから分離され、膿瘍非形成の肝臓と脾臓、腎臓および肺からは分離されなかった。培地を接種した対照マウスは体重の増加も順調で、病変もなく、菌の分離もなかった（表IV-11）。
　両菌株に線毛が証明された。

考　察

　付着能を有する細菌は線毛を持ち、無線毛菌に比べて病原性が強いことが知られている（Elmros et al., 1981；Skerman et al., 1981；Tanaka and Katsube, 1978）。今回の実験では、赤血球凝集能欠損変異株と親株をマウスに接種してマウス致死性、肝膿瘍形成能や接種菌の主要臓器からの回収を比較した。変異株は明らかに病原性の減弱が認めら、付着性と病原性の間には関連が見られた。しかし、使用した2株に線毛が認められ、変異株は血球凝集能は消失したものの、線毛は保持したままであった。本菌においては付着と線毛は関係が薄く、赤血球凝集能の変化はむしろと外膜タンパクの変化が関係している可能性が強くなった。付着能の本体の追求は今後の課題として、何れにしても、付着能を失うと病原性も弱くなることが明らかとなり、付着能と病原性が深く係わっていることが判明した。

表Ⅳ-11 F. necrophorum subsp. necrophorumの赤血球非凝集変異株のマウス病原性

菌株	マウス番号	生死	接種後日数	体重(g) 初	体重(g) 終	肝膿瘍形成[1]	接種菌の回収[2] 肝膿瘍	肝臓	脾腎肺
親株	1	死	6	22	18	+	+	+	+
	2	死	6	22	17	+	+	+	+
	3	死	6	22	17	+	+	+	+
	4	死	7	22	17	+	+	+	+
	5	死	6	22	16	+	+	+	+
	6	死	8	22	18	+	+	+	+
	7	生	11	22	23	+	+	+	+
	8	死	8	23	16	+	+	+	+
	9	死	6	23	20	+	+	+	+
	10	死	6	23	20	+	+	+	+
変異株	1	生	11	22	28	+	+	−	−
	2	生	11	22	28	−	−	−	−
	3	生	11	23	30	+	+	−	−
	4	生	11	23	29	+	+	−	−
	5	生	11	22	27	−	−	−	−
	6	生	11	22	26	+	+	−	−
	7	生	11	22	28	−	−	−	−
	8	生	11	23	31	+	+	−	−
	9	生	11	22	28	+	+	−	−
	10	生	11	22	28	−	−	−	−
対照	1	生	12	22	26	−	−	−	−
	2	生	12	23	28	−	−	−	−
	3	生	12	22	26	−	−	−	−
	4	生	12	22	26	−	−	−	−
	5	生	12	23	27	−	−	−	−

[1] +:膿瘍形成、−:膿瘍非形成
[2] +:菌分離陽性、−:菌分離陰性

Ⅲ. *Fusobacterim necrophorum*の細胞付着能 (Shinjo *et al.*, 1988)

F. necrophorum subsp. *necrophorum*は赤血球凝集価が高く、主としてウシの病巣から分離され、マウス致死性である（Shinjo *et al.*, 1981）のに対し、*F. necrophorum* subsp. *funduliforme*は主として消化管内から分離され（Kanoe *et* al., 1975)、赤血球凝集価が低く、マウス非致死性である (Shinjo, 1983)。赤血球凝集性と病原性とは関係があるように考えられる。培養細胞に対する付着性を調べた。

材料と方法

　菌株は両亜種の基準株を含めて計12株を用いた。F. necrophorum subsp. necrophorumはJCM 3718^T（基準株、VPI 2891）、JCM3716、Fn47、Fn 69、Fn 71およびFn 101の6株、F. necrophorum subsp. funduliformeはJCM 3724^T（基準株、VPI 6161）、JCM 3717、Fn 17、Fn49、Fn 56および Fn77の6株を供試した。細胞はMDBK細胞およびFL細胞を用いた。細胞数を$1×10^5$/mlの濃度に調製した細胞液と細菌は550mで0.75の光学密度に調製した菌液の各1 mlを混合して37℃の孵卵器に収めた。1時間後、細胞をPBSで3回洗浄してギムザ染色し、付着の状態を光学顕微鏡で調べた。

結　果

　F. necrophorum subsp. necrophorumは全株が全てのMDBKおよびFL細胞に付着した（図Ⅳ-3）。菌はフィラメント状を呈し、細胞に対して直角にあるいは斜めに細胞表面に付着した。また細胞に付着してその周りに凝塊を形成したり、両端が別々の細胞に付着して細胞を結ぶ菌も見られた。一方

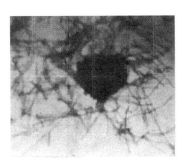 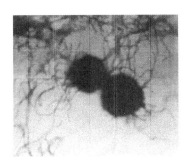

図Ⅳ-3　F. necrophorum subsp. necrophorumの培養細胞への付着
左：MDBK細胞　右：FL細胞

F. necrophorum subsp. *funduliforme*は細胞付着能が貧弱で、ほとんどの菌が細胞と独立した短桿菌として見られた（図Ⅳ-4）。

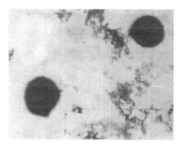 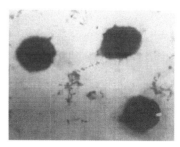

図Ⅳ-4　*F. necrophorum* subsp. *funduliform*の培養細胞への付着
左：MDBK細胞　　右：FL細胞

考　察

F. necrophorum subsp. *necrophorum*はMDBKおよびFLの両細胞株によく付着したが、*F. necrophorum* subsp. *funduliforme*は弱い付着性であった。前者は主として病巣から分離され、マウスに接種すると致死させる（Shinjo, 1983）。一方、後者は消化管内から分離され（Kanoe *et al*., 1975）、マウスを致死させない（Shinjo *et al*., 1981）。本研究では病原性の強い*F. necrophorum* subsp. *necrophorum*が株化細胞にも良く付着し、弱病原性の*F. necrophorum* subsp. *funduliforme*は赤血球同様、株化細胞に対しても付着性は弱い結果が得られ、付着能と病原性の強弱との間にはなにか関係があることが示唆された。すでに紹介したように、赤血球凝集能を失った非凝集株は親株と異なり、マウス病原性が著しく減弱したことも、その事を裏付けているように思われる。

Ⅳ. 疎水性

　細菌表層の疎水性は細菌の動物細胞への付着に関与していることが知られている（Smyth et al., 1978 ; Rosenberg et al., 1980; Magnusson, 1982; Rosenberg et al., 1983）。F. necrophorumは動物の壊死桿菌症の原因菌として重要な嫌気性菌の一つで、F. necrophorum subsp. necrophorumおよびF. necrophorum subsp. funduliformeの 2 亜種の鑑別性状がニワトリ赤血球凝集能の有無である（Shinjo et al., 1991）。前者は後者より動物細胞に対する付着性も強い（Shinjo et al., 1988）。細胞付着能の異なる両亜種について細胞付着能と関係のある疎水性を比較した。

材料と方法

　菌株はF. necrophorum subsp. necrophorumとしてJCM 3718^T（基準株、VPI 2891）、JCM 3720（VPI 6054-A）、JCM 3716、SPH-1、Fn 69およびFn 152 の 6 株、F. necrophorum subsp. funduliformeはJCM 3724^T（基準株、VPI 6161）、JCM 3717（Fn 45）、Fn 49、Fn 52、No. 606およびNo. 1260の 6 株、合わせて12株を供試した。JCM 3716の非凝集性変異株であるJCM 3716HA$^-$株（Shinjo and Kiyoyama, 1986）についても調べた。

　疎水性試験は水/n-オクタン 2 相法（Rosenberg et al., 1980）によった。BPPY培地（Miyazato et al., 1978）で37℃、24時間培養菌をPUM緩衝液（Rosenberg et al., 1980）で 2 回洗浄した後、PUM緩衝液に再浮遊し、菌の濃度を550nmの波長でOD値を0.85に調整した。各菌株とも 3 本宛用意し、最初の実験で50μlのオクタンを加えて30℃、10分感作した後、ミキサーで120秒間連続混合して静置した。2 相に分離した水相部分の吸光度を分光高度計により550nmで測定し、結果はオクタン非添加の対照と比較して水相に残っている菌の％で表した。まず、50μlのオクタンを用いて試験し、次ぎに、25μl、50μlおよび100μlとオクタン量を変化と疎水性の関係、また、60℃および100℃、30分間加熱後の菌体表層の疎水性を調べた。

結 果

オクタン50μl添加時の両亜種の結果を表Ⅳ-12に示した。F. necrophorum subsp. necrophorumは14.1±52.9の高い疎水性を示して1群を形成ていると考えられた。F. necrophorum subsp. funduliformeの疎水性は低く、平均が44.2±6.3とさらに低い90.7±3.0の2群に分かれた。

添加オクタン量の違いによる疎水性の結果を表Ⅳ-13に示した。F. necrophorum subsp. necrophorumは全てのオクタン添加量でF. necrophorum subsp. funduliformeに比べてより高い疎水性を示し、次いでF. necrophorum subsp. funduliformeの第1群で、さらに低い疎水性の第2群はオクタン添加量に関係なく、最低の疎水性であった。また、F. necrophorum subsp. necrophorumおよびF. necrophorum subsp. funduliformeの第1群では、オクタン添加量の増加に伴い水相からオクタン相へ移動する菌が増加したのに対し、第2群では大きな影響はなかった。F. necrophorum subsp. necrophorumの疎水性は加熱により低下した（表Ⅳ-14）。赤血球非凝集性変異株のJCM 3716HA⁻株の結果は74.2±10.4で、親株JCM 3716の17.5±2.5（表Ⅳ-12）に比較してよりはるかに低い値であった

表Ⅳ-12　両亜種のオクタン（50μl）への付着

亜種	菌株	水相残留細菌の割合 (% ±標準偏差)	平均(%±標準偏差)
F. necrophorum subsp. necrophorum	JCM 3718^T	13.8 ± 2.1	14.1± 2.9
	JCM 3716	17.5 ± 2.5	
	JCM 3720	17.1± 1.6	
	SPH 1	8.7 ±1.0	
	Fn 69	14.5 ±2.3	
	Fn 152	13.0 ±0.9	
	JCM3716HA⁻	74.2±1.0	
F. necrophorum subsp. funduliforme	JCM 3717	53.0 ±3.6	44.2± 6.3
	Fn 49	38.5± 1.1	
	Fn 52	41.1± 6.5	
	JCM 3724^T	93.9± 0.5	90.7 ±3.0
	No.606	86.7 ±1.0	
	No.1260	91.6 ± 0.6	

^{T}：表Ⅳ-1参照

(Shinjo et al., 1987)。

表IV-13 両亜種のオクタン (15μl、50μl および100μl) への付着

亜 種	菌 株	オクタン量および水相残留菌(%±標準偏差)		
		25μl	50μl	100μl
F. necrophorum subsp. necrophorum	JCM 3718[T]	22.5±1.3	13.8±2.1	9.6±1.1
	JCM 3716	28.5±4.5	17.5±2.5	12.5±1.4
	JCM 3720	39.2±3.2	17.1±1.6	3.8±2.0
	Fn 69	23.8±0.8	14.5±2.3	7.9±1.6
	平均	28.6±7.6	15.7±1.8	8.4±3.6
F. necrophorum subsp. funduliforme	JCM 3717	86.0±3.4	53.0±3.6	30.2±1.2
	Fn 49	60.8±2.3	38.5±1.1	32.2±2.5
	Fn 52	66.9±6.8	41.1±6.5	21.7±1.1
	平均	71.2±13.2	44.2±7.7	28.3±5.9
	JCM 3724[T]	96.5±1.0	93.9±0.5	92.3±1.3
	Fn 20	90.6±2.1	88.0±1.1	86.3±0.8
	No.606	91.3±3.6	85.6±4.8	85.8±1.3
	No.1260	89.5±1.5	86.6±0.6	87.6±0.3
	平均	92.0±3.1	88.5±2.7	88.0±2.9

[T]: 表IV-1参照

表IV-14 F. necrophorum subsp. necrophorumにおける加熱によるオクタン付着への影響

菌 株	水相残留菌(%±標準偏差)		
	対 照	60°C30分	100°C30分
JCM 3718[T]	13.8±2.1	37.9±2.4	72.3±2.3
JCM 3720	17.1±6.1	35.5±0.9	69.5±2.8
Fn 69	14.5±2.1	44.1±3.0	81.7±3.0
平均	15.1±1.4	39.2±3.6	74.5±5.2

[T]: 表IV-1参照

考 察

 ニワトリ赤血球凝集性のF. necrophorum subsp. necrophorumは主として病巣より分離され、マウス腹腔内接種で致死性の強い病原性を示す(Shinjo et al., 1981)。一方、ニワトリ赤血球非凝集性のF. necrophorum subsp. funduliforme

は主として消化管内から分離され（Kanoe et al., 1975）、マウスを致死させない（Shinjo et al., 1981）。疎水性の高い菌はより強い細胞付着性を示すことが知られている（Smyth et al., 1978; Rosenberg et al., 1981; Magnusson, 1982; Rosenberg et al., 1983）。本菌においても血球凝集能を有する F. necrophorum subsp. necrophorum が非凝集性の F. necrophorum subsp. funduliforme より高い疎水性を示し，細胞付着性と疎水性との関係が確認された。また、赤血球凝集能は60℃、30分間の加熱により減弱し，100℃30分間の加熱で消失することが報告されている（新城・中村, 1979）。本菌の疎水性も熱処理により低下した。JCM 3716の非凝集性変異株JCM 3716HA⁻株は凝集能の消失とともに疎水性も低下し、また変異株は親株と異なりマウスに対して非致死的であった（Shinjo and Kiyoyama, 1986）。F. necrophorum subsp. necrophorum の細胞表面の疎水性は本菌の付着性に関与し、また病原性と密接に関わりがあり、本菌の病原因子の一つと考えられた。

V．血小板凝集能（Hirose et al., 1992）

　細菌の持つ血小板凝集能は細菌の持つ重要な病原因子の一つである。血小板凝集による血栓形成が微小循環系を障害して組織の壊死を起こし、局所に嫌気状態が用意されるため、嫌気性菌にとってはとくに重要である。また、宿主の血小板を凝集して局在させるため血小板減少症の原因となったり、あるいは播種性血管内凝固症候群（DIC）等の疾病を引き起こす。

　F. necrophorum の血小板凝集性については、Forrester et al., (1985)が人血小板を血小板溶解なしに凝集し、その凝集には血漿因子とくにフィブリノーゲンを必要とすると報告している。また、Kanoe and Yamanaka (1989)は位相差顕微鏡を用いて、F. necrophorum の牛血小板凝集能を調べ、その凝集には赤血球凝集素が関与しているのではないかと報告している。

　本項では、F. necrophorum の両亜種の牛血小板に対する凝集能の比較、F. necrophorum による血小板凝集形態の走査型電子顕微鏡による観察、また洗

浄血小板や血小板凝集インヒビターを用いて行った*F. necrophorum*における血小板凝集のメカニズムについて検討したのでその結果について記述する。

材料と方法

菌株は*F. necrophorum* subsp. *necrophorum*として、JCM 3718^T（基準株、VPI 2891）、JCM 3716（Fn 43）およびSPH 1の3株、*F. necrophorum* subsp. *funduliforme*としてJCM 3724^T（基準株、VPI 6161）およびSPH 6の2株の5株を供使した。菌液は培養後、PBS（－）で2回洗浄してPBS（－）に浮遊させた調製した。加熱死菌液は先に調製した洗浄菌液を80℃、20分間加熱処理した菌液を用いた。

牛血小板は採血後、150×g、10分間遠心して上清を集め、血小板多血漿とした。血小板多血漿を分離した残りを遠心（2,000×g、10分間）して得られた上清を血小板乏血漿とした。血小板多血漿を修正Tyrode液で遠心（200×g、10分間）後、Tyrodeに浮遊させたものを洗浄血小板とした。

血小板凝集試験はアグリゴメーター（NKK Hema Toracer, model PAT-2A;二光バイオサイエンス）とレコーダー（NKK, model T-228;二光バイオサイエンス）を用いて行った。血小板乏血漿と血小板多血漿は200μl、菌液は20μl量を使用した。正常な血小板凝集を見るため、陽性コントロールとしてコラーゲン（Hormon-Chemical）500μg/ml液を25μl使用した。なお、血小板数と菌数の比が1：1になるように調整した。洗浄血小板の場合は血小板多血漿の代わりに洗浄血小板液を血小板乏血漿の代わりにTyrode液を用いて試験した。

走査型電子顕微鏡（Scanning Electronmicroscopy）による形態学的観察は菌液により凝集を起こした血小板の形態学的観察を行った。凝集した血小板多血漿PRPを数滴とり1％グルタールアルデヒド0.1Mカコジレート液に滴下して室温で2時間固定した。固定後定法により処理して走査型電子顕微鏡（日本電子、JMS-35C、加圧電圧15KV）で観察した。

*F. necrophorum*による血小板凝集がCa^{2+}依存、またアラキドン酸カスケー

ド系が関与しているかどうかを調べるため、凝集抑制剤としてEDTA、アスピリン、キナクリン（半井化学）を使用して凝集抑制試験を行った。3種の薬物は最終濃度がそれぞれ10mM、5mM、1.25mMおよび0.62mMになるよう調整して血小板多血漿入りのキューベット管に25μl注入し、室温で10分間静置した後、前述と同様の凝集試験を行った。

結　果

　F. necrophorumによる両亜種の洗浄菌液の牛血小板凝集性試験の結果は、F. necrophorum subsp. necrophorumは凝集能を有した（図Ⅳ-5）が、F. necrophorum subsp. funduliformeはその性状を欠いた（図Ⅳ-6）。アグリゴメーターを用いて行った今回の実験では、F. necrophorum subsp. necrophorumの凝集は30秒のlag time後速やかに起こり、10分後には最大凝集に達した（図Ⅳ-5）。その活性はF. necrophorum subsp. necrophorumのJCM 3718^T（基準株、VPI 2891）JCM 3716およびSPH 1の凝集活性は86％、68％および70％で、F.

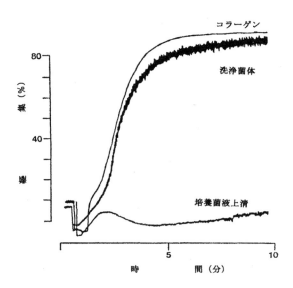

図Ⅳ-5　F. necrophorum subsp. necrophorumによる血小板凝集

necrophorum subsp. *funduliforme*のJCM 3724^T（基準株、VPI 6161）および SPH 6のそれは7％および3％で、前者がはるかに強い活性を示した（表 IV-15）。*F. necrophorum* subsp. *funduliforme* JCM 3724^{T}には洗浄菌液、培養上清ともに凝集能はなく、両亜種間に違いがみられた。他の菌株もそれぞれの基準株と同様の結果であった（表IV-15）。また、両亜種菌株の80℃ 220分間加熱死菌およびLPSを用いた血小板凝集能は*F. necrophorum* subsp. *necrophorum*においてのみで観察され、*F. necrophorum* subsp. *funduliforme*に

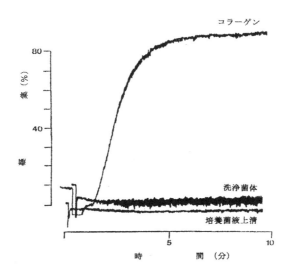

図IV-6　*F. necrophorum* subsp. *funduliforme*による血小板凝集

表IV-15　*F. necrophorum*の血小板凝集能

亜種[1]	菌株	凝集能(%)
Fnn	JCM 3718^T	86
	JCM 3716	68
	SPH 1	70
Fnf	JCM 3724^T	7
	SPH 6	3

[1]および^T：表IV-1参照

IV章　病原因子

は認められなかった（図Ⅳ-7）。両亜種の洗浄菌液による凝集能の違いは肉眼的にも観察された。

試験管内で行った凝集試験においても血小板凝集能を有する*F. necrophorum* subsp. *necrophorum* JCM 3718^T（基準株、VPI 2891）の洗浄菌液では肉眼的に凝集が確認されたが、*F. necrophorum* subsp. *funduliforme*では認められず、また培養上清を使用した場合は認められなかった。

次に行った洗浄血小板を用いた実験でも、*F. necrophorum* subsp. *necrophorum*の洗浄菌液および加熱死菌のみに凝集能が認められた（図Ⅳ-8）。すなわち、*F. necrophorum* subsp. *necrophorum*の血小板凝集には他の血漿因子は必要でなく、血小板凝集素は耐熱性であることが示された。

走査型電子顕微鏡による凝集時の血小板の形態観察では洗浄菌液による血小板の溶解はほとんど観察されなかった（図Ⅳ-9）。

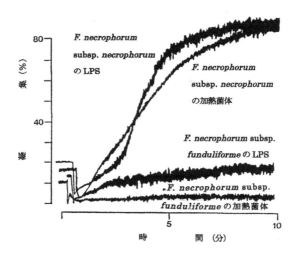

図Ⅳ-7　2亜種のLPSおよび加熱菌体による血小板凝集

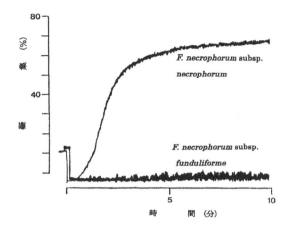

図Ⅳ-8　2亜種による洗浄血小板の凝集

図Ⅳ-9　*F. necrophorum* subsp. *necrophorum*の
　　　　洗浄菌体による血小板凝集の走査電顕写真

　最も強い凝集能を示したJCM 3718^T（基準株、VPI 2891）を用いて行った凝集抑制実験では、表Ⅳ-16に示すようにEDTAでは濃度10mMで凝集が完全に抑制され、1.25mMでは72％抑制された。アラキドン酸カスケードのシクロオキシゲナーゼ抑制薬であるアスピリンでは10mMで100％、2.5mMで90％凝集が抑制された。ホスホリパーゼA_2を阻害し、アラキドン酸の遊離を阻害するキナクリンは1.25mMで完全に、0.62mMで85％抑制した

(表Ⅳ-16)。また、凝集反応がおこるまでのlag timeは、EDTAでは1.5分、アスピリンとキナクリンでは2分で、抑制薬不添加時の0.5分と比較して若干の延長がみられた。

表Ⅳ-16 *F. necrophorum* subsp *necrophorum*の血小板凝集阻止

阻止薬	濃度 (mM)	ラグタイム (分)	10分後の凝集(%)
無		0.5	100
EDTA	10		0
アスピリン	1.25	1.5	18
	10		0
キナクリン	2.5	2	10
	1.25		0
	0.62	2	15

考 察

*F. necrophorum*の血小板凝集性を検討した結果、*F. necrophorum* subsp. *necrophorum*のみに凝集能が認められ、*F. necrophorum* subsp. *funduliforme*には認められなかった。*F. necrophorum* subsp. *necrophorum* の凝集能は菌体成分に認められ、培養上清には存在しなかった。このことは、*Streptococcus sanguis*(Herzberg *et al.*, 1983)、*Listeria monocytogenes*(Czuprlens and Balish, 1981)による血小板凝集と同様に細菌の代謝産物であるロイコシジンなどの菌体外酵素ではないことが示唆された。また、80℃20分間加熱した死菌体でも凝集性には変化がなく、Kanoe and Yamanaka(1989)が報告した易熱性の赤血球凝集素が血小板凝集素であるという結果とは異なった。

血小板凝集におけるアラキドン酸カスケードの果たす役割は重要である(Hamberg *et al.*, 1975, 山本・植田、1982)。コラーゲンやトロンビンにより血小板が刺激を受けるとホスホリパーゼA_2が活性化されアラキドン酸が遊離する。遊離したアラキドン酸は直ちにシクロゲナーゼによりプロスタグランヂンG_2、プロスタグランヂンH_2を介してトロンボキサンA_2に精製され血

小板放出反応をおこし血小板凝集が起こる。また、Ca^{2+}イオンはこれらの一連の反応や血小板活性化に対して抑制的に働くc-AMPにおいて重要な役割を果たしている。今回の血小板凝集抑制実験では、Ca^{2+}イオンなどのキレート剤であるEDTA、シクロゲナーゼ阻害薬のアスピリン、ホスホリパーゼA_2阻害薬であるキナクリンの3種の薬物すべてにおいて濃度依存的に凝集が抑制され、lag timeの延長がみられた。つまり、*F. necrophorum* subsp. *necrophorum*の血小板凝集メカニズムにはCa^{2+}イオン、アラキドン酸代謝系が関与していることが示唆された。また、3種の薬物でlag timeの延長がみられたのは、*F. necrophorum* subsp. *necrophorum*が血小板膜に刺激を与え、その刺激により血小板の溶解は起きず血小板のdense bodyやα-顆粒内容物であるセロトニンやADPが放出されることで起きる凝集反応や膜刺激により血小板膜に存在するアラキドン酸が遊離することで起きる凝集反応が起こったのではないかと推察された。

これまで、細菌の*in vitro*における血小板凝集性に関する研究から、菌体の構成成分であるLPS（Morisson *et al.*, 1978）、ツベルクリン（Rourke *et al.*, 1979）、カンジダマンナン（Maisch and Calderone, 1981）、ペプチドグリカン（Greenblatt *et al.*, 1978）等が血小板凝集に関与していることが知られている。今回の実験ではLPSが本菌の血小板凝集素である可能性が強い結果が得られた。

VI. LPS

1）両亜種LPSの*in vivo*における血小板凝集活性

グラム陰性菌は細胞壁成分としてリポ多糖（LPS）を有し、外膜成分としての機能のほかに菌体内毒素の主成分として多彩な生物活性を持つことが知られている。

本菌LPSは血小板凝集能を有している（Hirose *et al.*, 1992）。人および動物の血小板は内毒素に対する受容体を持っていて、内毒素血症により血中の血

小板は減少する（Springer and Adye, 1975）。肝膿瘍形成においてLPSは血小板凝集と血栓形成により、肝臓内の微視的壊死巣を形成して嫌気性菌の増殖が可能となり、その結果原因菌の増殖の場を提供し、膿瘍へと進展していくと推論される。この点を解明するため、病原性の異なる両亜種LPSをマウス静脈内に接種して血中血小板の変化を観察した。

マウス尾静脈に両亜種のLPSを接種し、流血中血小板数の経時的な変化についても調べ、肝膿瘍形成の初期段階と*F. necrophorum*の血小板凝集能との関連性、またその際のLPSの役割についても考察した。

材料と方法

LPSは*F. necrophorum* subsp. *necrophorum* JCM 3718^T（基準株、VPI 2891）および*F. necrophorum* subsp. *funduliforme* JCM 3724^T（基準株、VPI 6161）のフェノール／水法抽出（Westphal and Jann, 1965）により精製されたものを使用した。動物はICR系マウス♂（6-8週齢、35g前後）を使用した。マウスをペントバルビタール（50mg／kg）を腹腔内投与し、麻酔後、尾静脈に26Gの注射針を用いて0.1ml（100μg LPS／マウス）を接種した。接種前と接種30分および60分後に尾静脈から5μlを採血し、500μlの1％蓚酸アンモニウム液に入れてよく撹拌した後、血球計算盤で血小板数を数えた。

結　果

両亜種のLPSを尾静脈内接種されたマウスの血小板はともに減少した。特に*F. necrophorum* subsp. *necrophorum*接種マウスの血小板減少が顕著で、30分後で接種前の55.6％、60分後で62.6％に減少した。*F. necrophorum* subsp. *funduliforme*では30分後で81.0％に、60分後で90.9％に減少したが、*F. necrophorum* subsp. *necrophorum*のそれより低かった（図Ⅳ-10）。

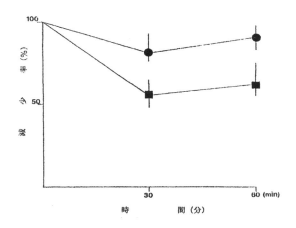

図Ⅳ-10 *F. necrophorum* subsp. *necrophorum*（Fnn）および *F. necrophorum* subsp. *funduliforme*（Fnf）のLPSによる血中血小板の減少
■：Fnn（JCM 3718[T]）
□：Fnf（JCM 3724[T]）
[T]：基準株

考察

　*F. necrophorum*の両亜種のLPSをマウスの尾静脈内に接種して30分および60分後の体内血小板数は減少した。特に*F. necrophorum* subsp. *necrophorum*において著しく、30分後に接種前の55.6％、60分後に62.6％に減少した。一方、*F. necrophorum* subsp. *funduliforme*では30分後に81.0％、60分後に90.9％のレベルに減少した。血小板数はストレスなどの要因で変化するので、この結果がLPSだけによるものかどうかは断言できない。

　*In vivo*では、*in vitro*と異なり、血小板だけでなく、白血球や血管内皮細胞などもLPS刺激の影響を受ける。LPS投与により白血球数は減少し、その後増加することが知られており、血管内皮細胞は剥離して血管透過性の亢進が起こり、また血管壁のⅣ型コラーゲン層が露出して血小板凝集や内皮系凝固系を活性化して血液凝固が起こる。さらにこれらの細胞により産生さ

れる血小板活性化因子の影響を受けることが推察される。しかし、マウスの血小板は血小板活性化因子には応答しないことが知られているので、*F. necrophorum* subsp. *necrophorum*のLPSによる血小板減少には血小板に対する血小板活性化因子の直接的な作用はないと考えられる。

　DICなどの疾患においてエンドトキシンショックと血小板活性化因子との関連性について研究がなされて来て（牧野, 1989；西川, 1989；和久, 1987）、血小板活性化因子は血小板を活性化するとともに、血圧低下、平滑筋収縮、気道収縮、好中球と好酸球の遊走・活性化、血管透過性の亢進などの生物活性を有し、炎症に関わるメデイエーターとして重要である。牛の肝膿瘍の発現においても、第一胃内で産生され門脈を経て肝臓へ移行した *F. necrophorum* subsp. *necrophorum*のLPS、あるいは肝臓内で産生されたLPSの刺激により、血中の血小板、白血球や血管内皮細胞から血小板活性化因子が産生され、肝膿瘍形成に重要な役割を果たしているいる可能性が十分考えられる。また、LPSによる肝臓内の微小循環における血栓形成（Naier and Hahnel, 1984）によって起こる血流量の低下や微小壊死形成は、本菌の増殖に好適な嫌気的環境を提供して増殖を可能にし、肝細胞の壊死を伴いながら肝膿瘍形成へと発展していくと考えられる。*F. necrophorum* subsp. *necrophorum*の菌体とくにLPS血小板凝集能が肝膿瘍形成の引き金となっていると推察される。

Ⅶ. カタラーゼおよびSOD産生能

　*F. necroophorum*は強病原性の*F. necrophorum* subsp. *necrophorum*および弱病原性の*F. necrophorum* subsp. *funduliforme*の2亜種からなる（Shinjo *et al.*, 1991）。カタラーゼやスーパーオキ サイドジスムターゼ（superoxide dismutase, SOD）は嫌気性菌の酸素耐性に関連があり（Lynch and Kuramitsu, 1999; Rolf *et al.*, 1978）、嫌気性菌の病原因子の一つと考えられている（Rolf *et al.*, 1978; Carlsson *et al.*, 1977; Tally *et al.*, 1977）。また、嫌気性菌ではSOD活性のレベ

ルと酸素耐性とは相関があることが報告されている（Tally *et al.,* 1977）。そこで、病原性の異なる両亜種について上記2酵素と酸素耐性を比較した。

材料と方法
使用菌株分離株

両亜種各2株を供試した。*F. necroophorum* subsp. *necrophorum*として、JCM 3718^T（基準株、VPI 2891）、JCM 3716（Fn 43、肝膿瘍分離株）およびSPH 1、*F. necroophorum* subsp. *funduliforme*として、JCM 3724^T（基準株、VPI 6161）、JCM 3717（Fn 45、肝膿瘍分離株）およびSPH 6、対照菌株として*Escherichia coli* K12および*Bacteroides fragilis* NCTC 9343を供試した。

試料の抽出と酵素の測定

供試菌株を90mlのBPYブイヨン（Shinjo *et al.,* 1981）で37℃、12時間培養後、4℃で、5,000×g、20分間遠心して集菌した。菌を10-4MEDTA添加の冷0.1Mリン酸カリウム緩衝液で、4℃、12,000×g、15分間2回洗浄後、10mlの同緩衝液に再浮遊させ、超音波破砕機（Branson model W185 sonicator）を用いて、氷冷中で50W、10分間超音波処理して菌を破砕した。処理後の材料を12,000×g、20分間の遠心により細胞残渣を除き、上清を0.45μmポアサイズのフィルターを用いて濾過した液をカタラーゼおよびSODの測定試料とした。

カタラーゼ活性は過酸化水素のカタラーゼによる紫外部吸収減少を利用する法（Beers and Sizer, 1952）により2波長分光光度計を用いて測定した。試料および緩衝液などを反応させ、反応速度を記録したチャート紙から過酸化水素減少速度を求め、吸光度を30秒間で0.05減少させる量を1単位とした。SOD活性はBeauchamp and Fridovich（1971）および今成ら（1977）のxanthin-xanthin oxidase nitrobluetetrazollium（NBT）法により測定した。試料を反応させた後、波長560nmで分光光度計を用いて吸光度を測定した。牛赤血球から分離したSODを希釈し、測定して得られた検量線から、同条

件で1/2量を阻害するSOD活性を1単位と定め、菌体から抽出した試料のSOD活性を算定した。タンパクの定量はLowry *et al.* (1951)の方法によった。牛血清アルブミンの測定から得られた検量線に基づき、カタラーゼおよびSOD抽出液中の総タンパク量を求めた。

酸素耐性試験は、0.1ml（1.0×10^{5}個の菌を含む）をコンラージ棒で10枚の寒天平板培地全面に塗布し、37℃の培養器に納めて経時的（5、10、11、12、13、14、15、16、17および18時間後）に取り出し嫌気培養を実施した。接種菌の10^{5}個の菌数が5個以内に減少した時間を酸素耐性として表した。

結　果

供試した*F. necroophorum* subsp. *necrophorum*および*F. necroophorum* subsp. *funduliforme*は両亜種のいずれの株にもカタラーゼ活性は認められなかった（表IV-17）。対照菌株の*E. coli* K12および*B. fragilis* NCTC 9343のカタラーゼ活性はタンパク1mgあたりそれぞれ、117単位および4.54単位のカタラーゼ活性があり、既報（宮崎ら、1986b）の結果の範囲内の値であった。

SOD活性については、*F. necroophorum* subsp. *necrophorum*のJCM3718^T（基準株、VPI 2891）、JCM 3716およびSPH 1はタンパク1mg当たり3.3単位、4.6単位および2.9単位であったが、*F. necroophorum* subsp. *funduliforme*の1株は1.6であったが、2株は1.0単位以下であった。*F. necroophorum* subsp. *necrophorum*が*F. necroophorum* subsp. *funduliforme*に比べてより強いSOD活性を示した（表IV-17）。

酸素耐性時間は*F. necroophorum* subsp. *necrophorum*の2株が18時間、1株が16時間、*F. necroophorum* subsp. *funduliforme*の2株は13および14時間で、1株が11時間、酸素毒性にたいする抵抗性は*F. necroophorum* subsp. *necrophorum*がやや長い傾向を示した。

考　察

F. necroophorum subsp. *necrophorum*と*F. necroophorum* subsp. *funduliforme*は

表Ⅳ-17　カタラーゼおよびSOD活性と酸素耐性

亜種および菌種	菌　株	カタラーゼ (U/mg蛋白量)	SOD (U/mg蛋白量)	酸素耐性 (時間)
F. necrophorum	JCM 3718[T]		3.3	18
subsp. necrophorum	JCM 3716	検出されず	4.6	18
	SPH 1		2.9	16
F. necrophorum	JCM 3724[T]		<1	13
subsp. funduliforme	JCM 3717	検出されず	<1	14
	SPH 6		1.6	11
Escherichia coli	K 12	117.0	12.6	実施せず
Bacteroides fragilis	NCTC 9343	4.5	実施せず	実施せず

[T] 両表 Ⅳ-1 参照

病原性が異なる。前者は牛の肝膿瘍から単独が92例中49例、53％（新城、1986）あるいは他の菌と混在して高率に分離され、マウスに対して致死させるのに対し、後者の単独分離はごく少数で92例中1例（新城、1986）で全体としての分離率も低く、マウスを致死させない。両亜種間には赤血球凝集性、細胞付着性、疎水性などの病原因子の違いが知られているが、嫌気性菌にとっては好気的環境下に耐えて生残する能力もまた病原因子の一つとして捉えることが出来る。特に肝臓のような血管に富んだ臓器での感染成立には不可欠と考えられる。カタラーゼとSODは酸素から細菌を保護する酵素で、SODは嫌気性菌や微好気性菌においては病原因子の一つと考えられている（Carlsson et al., 1977; Tally et al., 1977; Gregory and Dapper, 1980; Nakayama, 1994; Seyler Jr. et al., 2001）。SODはFusobacterium属菌種を含む幾つかの嫌気性菌で検出されている（Carlsson et al., 1977; Tally et al., 1977; Fulghun and Worthungton, 1984; Gregory and Dapper, 1980; Hewitt and Morris, 1975; Privalle and Gregory, 1979）。Tally et al., (1977) は菌のSOD活性と酸素耐性は関係があり、SODは病原性嫌気性菌の病原因子と推測した。Gregory et al. (1978) はF. necrophorum subsp. necrophorumに属するJCM 3718[T]（VPI 2891）とJCM 3720（VPI 6054-A）を用いて分析し、今回陽性であったJCM 3718を含めて、両株にはSODは証明されなかったと報

告した。

　今回の実験で両亜種間にSOD産生能に違いがみられた。強病原性の*F. necrophorum* subsp. *necrophorum*が*F. necrophorum* subsp. *funduliforme*より高いSOD活性値を示した。一般的に病原性を有する嫌気性菌は活性値が高く、それにより宿主組織中で酸化物の還元が進み菌の増殖に好適な環境に変化するまで生残することができると考えられている。また、好中球やマクロファージなどの酸化的殺菌機構に対しても、強い抵抗性を示すものと思われる。好気性菌と嫌気性菌はともに、強毒株は弱毒株に比べ有意にラジカルスカベンジャー酵素を産生することが報告されている（Hassan et al., 1984; Kanafani and Martin, 1985）。*B. fragilis*においては、好中球に対する貪食殺菌抵抗性とSOD活性が高い相関を示すことが確認されており（宮崎ら、1986a）、さらに*B. fragilis*と他菌種との混合感染では、感染部位の酸化還元の低下とも関連して感染菌のSOD活性の強弱が感染の成立と進展に影響を与える主要因とされている（宮崎ら、1986b）。*F. necrophorum*においてもSOD含量が多くて酸素耐性能の強い*F. necrophorum* subsp. *necrophorum*が組織内での生残能や酸化的殺菌に対する抵抗性が*F. necrophorum* subsp. *funduliforme*に比較して強いことがその病原性の一要因であろう。

　F. necrophorum subsp. *necrophorum*は牛のルーメン内において優勢菌ではないが、肝膿瘍からは単独であるいは他の菌と混在して最優勢に分離される。*F. necrophorum* subsp. *funduliforme*はルーメン内においては優勢であるが肝膿瘍では劣性である。ルーメン内の酸素に極端に弱い嫌気性（extremely oxygen sensitive anaerobe-EOS）菌は牛肝膿瘍からは分離されない（新城ら、1979; Mitsuoka et al., 1969）。同様な結果はラットの腹腔内に盲腸内容を接種して発症した敗血症でも得られている（Onderdonk et al., 1974）。ラット盲腸内にはEOS菌が存在するけれども、病巣からは分離されなかった。Tally et al.（1975）はEOS菌の分離可能な方法を用いてもEOS菌は臨床例からは分離されないと報告した。EOS菌は感染の途中で死滅するのであろう。

　本菌のSOD活性と肝膿瘍形成との関係について考察すると、肝臓は血管

に富む臓器であり、嫌気性菌が肝臓内で生残し、増殖して感染を成立させるためには嫌気性菌の増殖に必要な条件が整うまで、好気的環境下で生残することが要求される。*F. necrophorum* subsp. *necrophorum*はルーメンから肝臓に到達し、肝臓内で増殖に必要な還元状態が到来するまで自ら産生するSODによって生残を可能にしていると推定される。SOD産生能が弱いかあるいはそれを欠く*F. necrophorum* subsp. *funduliforme*は肝臓への移行あるいは肝臓内での生残が困難になり、ルーメン内で優勢であった*F. necrophorum* subsp. *funduliforme*が肝臓内では劣勢となり、ルーメン内と肝膿瘍で両亜種の分布が逆転すると考えられる。肝臓内で血栓形成、血流障害、LPSによる肝細胞障害、微細壊死巣の形成などにより嫌気的条件が整えられると菌は増殖を開始して肝臓に膿瘍を作るのであろう。この際*F. necrophorum* subsp. *necrophorum* が優勢に増殖すると推定される。

Ⅷ. 被貪食性と細胞毒性

1）マクロファージによる両亜種の被貪食性と細胞毒性

　好中球やマクロファージなどの食細胞は、生体内に侵入した細菌などの異物を捕食、殺菌することにより、生体の感染防御を担っている。貪食においては食細胞が異物を認識し、異物の食細胞膜へ付着と取り込みが起こり、細胞室内に食胞が形成され、引き続き食胞内で殺菌が行われる。殺菌機構には、酸素依存性殺菌機構と酸素非依存性殺菌機構がある。一方、細菌はロイコシジンジンなどの細胞毒素により、あるいはカタラーゼやSODなどの活性酸素分解酵素によって食細胞の食菌作用から逃れる。

　本項では強病原性の*F. necrophorum* subsp. *necrophorum*と弱病原性の*F. necrophorum* subsp. *funduliforme*の生体側の防御機構に対する抵抗性について比較検討した。

材料と方法

　菌株はF. necrophorum subsp. necrophorum JCM3718^T（基準株、VPI 2891）およびF. necrophorum subsp. funduliforme JCM3717（Fn 45、肝膿瘍分離株）を用い、2回の液体培地前培養菌を液体培地で37℃、15時間培養して培養菌を得た。培養菌液を1,600×g、20分間遠心した沈渣を冷生理食塩水で2回洗浄し、被検菌液（$1.0×10^8$cfu/ml）を調製した。

　腹腔内滲出細胞はICR系マウス（♂、4～6週齢）に滅菌10％プロテオーゼ溶液2.0mlを腹腔内に注入し、経時的（0.5, 1.0および2.0時間）に、注射器で5.0mlの生理食塩水を腹腔内に注入して腹部をマッサージした後、注射器で腹水を回収した。材料は120×g、10分間遠心して沈渣と上清に分けた。上清は菌の定量培養に用いた。沈渣はギムザ染色後、腹腔内滲出細胞100個を観察し、細菌を貪食している細胞数と細胞1個あたりの付着あるいは貪食細菌数の平均値を経時的に算出した。さらに、沈渣をトリパンブルー染色法により血球計算盤を用いて腹腔内滲出細胞100個を観察し、細胞の生存率を求めた。実験はそれぞれ3回行い、平均±標準誤差で表した。また、菌接種2時間後の腹腔内滲出細胞の形態的観察も行った。

結　果

回収した腹水上清中の細菌数

　F. necrophorum subsp. necrophorumの系では0.5時間後に$3.4×10^7$/mlの菌数であったが、時間とともに減少し、2時間後には$1.2×10^6$/mlの菌数であった。F. necrophorum subsp. funduliformeでは菌数の大きな変化はなかった（図Ⅳ-11）。

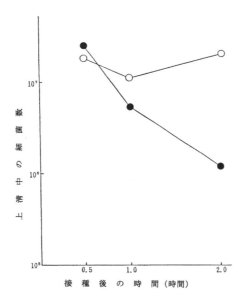

図Ⅳ-11　マウス腹腔マクロファージによる*F. necrophorum* subsp. *necrophorum*（Fnn）および　*F. necrophorum* subsp. *funduliforme*（Fnf）の食菌
● : Fnn（JCM 3718[T]）
〇 : Fnf（JCM 3724[T]）
[T] : 基準株

細菌を貪食している細胞数

　F. necrophorum subsp. *necrophorum*の0.5、1.0および2.0時間後における細菌貪食率はそれぞれ49.8％，69.86％および76.2％で、*F. necrophorum* subsp. *funduliforme*のそれはそれぞれ12.1％、29.5％および48.7％であった。*F. necrophorum* subsp. *necrophorum*が*F. necrophorum* subsp. *funduliforme*に比べて貪食されやすい結果であった（図Ⅳ-12）。

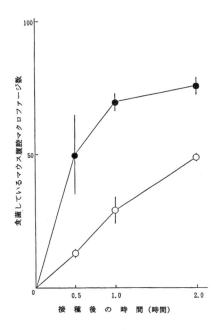

図Ⅳ-12　マウス腹腔マクロファージによる*F. necrophorum* subsp. *necrophorum*（Fnn）および*F. necrophorum* subsp. *funduliforme*（Fnf）の食菌（食菌マクロファージ数）
●：Fnn（JCM 3718[T]）
○：Fnf（JCM 3724[T]）
　[T]：基準株

腹腔内滲出細胞1個あたりの被貪食細菌数

　F. necrophorum subsp. *necrophorum*の0.5、1.0および2.0時間後における細胞1個あたりの捕食細菌数はそれぞれ2.3個、2.5個および2.8個、*F. necrophorum* subsp. *funduliforme*ではそれぞれ1.3個、1.4個および1.9個であった。*F. necrophorum* subsp. *necrophorum*が*F. necrophorum* subsp. *funduliforme*と比較してより多く貪食される結果であった（図Ⅳ-13）。

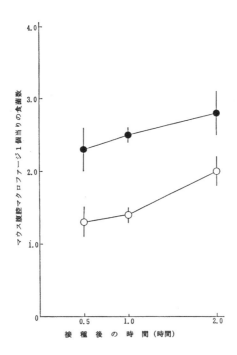

図Ⅳ-13　マウス腹腔マクロファージによる*F. necrophorum* subsp. *necrophorum*（Fnn）および*F. necrophorum* subsp. *funduliforme*（Fnf）の食菌
● : Fnn（JCM 3718[T]）
○ : Fnf（JCM 3724[T]）
[T] : 基準株

腹腔内滲出細胞の生存率

　菌を捕食している腹腔内滲出細胞の0.5、1.0および2.0時間後における生存率は、*F. necrophorum* subsp. *necrophorum*では75.0％、59.9％および56.4％で、*F. necrophorum* subsp. *funduliforme*では92.8％、89.8％および92.6％であった。*F. necrophorum* subsp. *funduliforme*ではほとんどの食細胞が生存し続けたが、*F. necrophorum* subsp. *necrophorum*では強い細胞障害を受けており、細胞の生存率は*F. necrophorum* subsp. *funduliforme*において有意に高い結果となった（図Ⅳ-14）。

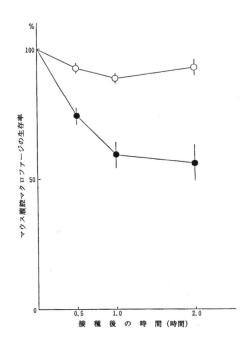

図Ⅳ-14　マウス腹腔マクロファージによる*F. necrophorum* subsp. *necrophorum*（Fnn）および*F. necrophorum* subsp. *funduliforme*（Fnf）の細胞毒性。
● : Fnn（JCM 3718ᵀ）
○ : Fnf（JCM 3724ᵀ）
ᵀ : 基準株

腹腔内滲出細胞の形態学的障害

　菌投与後の細胞は*F. necrophorum* subsp. *necrophorum*では多くの細菌が付着し、マクロファージが強い障害（細胞の膨化と細胞質の空砲変性）を受けた。*F. necrophorum* subsp. *funduliforme*では貪食は起こっているものの、マクロファージの細胞障害は弱いものであった。

考　察

　今回の結果を*F. necrophorum* subsp. *necrophorum*と*F. necrophorum* subsp.

*funduliforme*について比較した場合、前者が容易に食細胞に貪食されるが、細胞内での生残性は強く、食細胞への障害が大きい結果が得られた。それは前者の細胞付着性が強い（Shinjo *et al.*, 1988）ため容易に食細胞に付着し貪食されるが、前者のロイコシジン（Emery *et al.*, 1985; Scanlan *et al.*, 1982; Tan *et al.*, 1994）およびLPS（Inoue *et al.*, 1985; Garcia *et al.*, 1999）の毒性が強いため細胞に障害を与え、また、前項でのべた菌自体が産生するSODにより細胞内生残能を大きくしているためと思惟される。後述するように化学発光値の急激なピークから考えて、*F. necrophorum* subsp. *necrophorum*は食細胞に強力に付着するため、細胞膜に機能障害を起こし、食細胞の機能抑制と細胞崩壊を引き起こしているとも考えられる。*F. necrophorum* subsp. *necrophorum*の食細胞内での生残や食細胞への障害作用は本菌の病原因子に成りうるものと判断された。

2）両亜種のルミノール依存性化学発光

　化学発光は細菌の被貪食性の検査に用いられる（Robinson *et al.*, 1984）。ここでは両亜種の化学発光性を比較した。

材料と方法

　供試菌株、使用培地および細菌培養法は前項と同様に行った。試験用菌液は前項同様に回収した菌体を冷phosphate buffer solution（Mg-and Ca-free）で２回洗浄して2.0mlの同液に浮遊させた。なお、酸素暴露による菌液中生菌数の減少を防ぐため、小試験管に分注して氷冷下でO_2不含CO_2を30秒間充填してブチルゴム栓で密栓して氷中におき使用した。

腹腔内滲出細胞の採取と調整

　前項と同様にマウス腹腔内に細胞を誘導して、エーテルと殺し、腹部剥皮後氷冷Hanks balanced saline solution（Mg-and Ca-free）5.0mlを腹腔内に注入して腹部マッサージ後細胞を含む液を注射器で回収した。回収液から分

離洗浄した腹腔内滲出細胞をトリパンブルー染色液で染色して生存細胞数を算出した。生存細胞数が$1.0×10^6$/mlになるよう氷冷5 mMHEPES加Eagle MEMで調整し、100μlをBiolumat用プラスチックバイアルに入れ、10℃の5 mM HEPES Eagle HEMを300μl加えてCO_2インキュベーターで37℃、30分間静置した後化学発光を測定した。

マウスの血漿採取

エーテル麻酔したマウスの股動脈からヘパリンリチウム処理微量採血管で各本150μlずつ採血し、4℃で$1,600×g$、20分間遠心して血漿を分離した。腹腔内滲出細胞補体処理の際は採血管からシリンジで25μl取り出して実験に供した。

ルミノール溶液の調整

ルミノール10.0mgとトリエチラミン（Triethylamine）水溶液5μlを5.0mlの蒸留水に添加し、50℃の温水浴中で超音波処理して溶解させた。さらに濾過（ポアサイズ、0.22μm）して不溶ルミノールを除去して1.0mlずつ分注し、−30℃に保存した。用に臨み解凍し、攪拌して用いた。

化学発光反応の測定

化学発光反応の測定はBiolumat model LB 9500Tを用いて行った。化学発光反応はパソコン（日本電気、PC-8801）で経時的にモニタリングした。

結 果

使用した2株の化学発光定量の結果は表Ⅳ-18に示した。F. necrophorum subsp. necrophorumでは菌液をマクロファージに加えてから化学発光値がピークに達するまでの時間は2分以内であった。しかし、F. necrophorum subsp. funduliformeでは15分ほどであった。また、両株の化学発光のピーク値は、F. necrophorum subsp. necrophorumでは$6.40×10^3$CPMであるのに対し、

F. necrophorum subsp. funduliformeでは4.39×10³CPMと低値であった。

次ぎに、両株の化学発光発生量の経時的変化を図Ⅳ-15および図Ⅳ-16に示した。F. necrophorum subsp. necrophorumでは菌添加直後にスパイク状のピー

表Ⅳ-18 両亜種細菌に対するマクロファージの化学発光反応

亜 種	菌 株	ピーク時間（分） （平均値±SD[1]）	化学発光ピーク値 （×10³CPM±SD[a]）
F. necrophorum subsp necrophorum	JCM 3718[T]	1.51±0.42	6.40±2.10
F. necrophorum subsp. funduliforme	JCM 3717	14.23±1.61	4.39±1.14

[1]：標準偏差
[T]：表Ⅳ-1参照

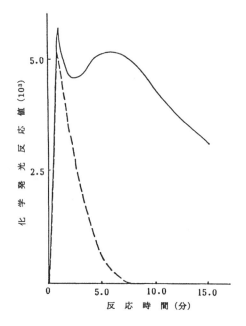

図Ⅳ-15 F. necrophorum subsp. necrophorum （JCM 3718[T]）に対するマクロファージの化学発光反応。
　実線：血漿添加
　破線：血漿不添加
　　[T]：基準株

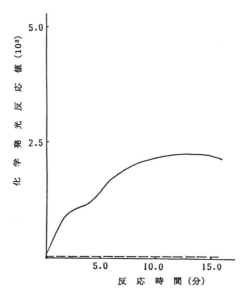

図Ⅳ-16 *F. necrophorum* subsp. *funduliforme*（JCM 3717）に対するマクロファージの化学発光反応。
実線：血漿添加
破線：血漿不添加

クが出現して急速に下降した後、7分前後をピークとする緩やかな化学発光値の上昇がみられた（図Ⅳ-15）。一方 *F. necrophorum* subsp. *funduliforme* では徐々にピークに達した（図Ⅳ-16）。

また、血漿不添加時の化学発光値の変化は *F. necrophorum* subsp. *necrophorum* ではスパイク状のピークのみが出現し（図Ⅳ-15）、*F. necrophorum* subsp. *funduliforme* では反応がほとんど見られなかった（図Ⅳ-16）。

考 察

F. necrophorum subsp. *necrophormu* は *F. necrophorum* subsp. *funduliforme* に比べてマクロファージに貪食され易かった。しかも、化学発光反応において菌添加直後に一過性のピークが現れたことから、その接着は菌と食細胞の出

会いがあれば瞬時に起こると思われる。これに対して*F. necrophorum* subsp. *funduliforme*はゆっくりとした化学発光反応を示し、*F. necrophorum* subsp. *necrophorum*ほどの高いピークを示さなかった。

　F. necrophorum subsp. *necrophorum*は*F. necrophorum* subsp. *funduliforme*に比べて、細胞付着性が強く（Shinjo *et al.*, 1988）、疎水結合能も強いことが示されている（Shinjo *et al.*, 1987）。化学発光反応は食細胞の貪食の際に起こるが、その反応の発生機序の呼吸バーストは食細胞の細胞膜の不安定化によって引き起こされ、必ずしも取り込みを必要としない（Pick and Keisari, 1981）。したがって、光学顕微鏡による貪食の観察と補体存在化の化学発光反応のみでは、付着と貪食を区別するのは困難である。化学発光反応は食細胞膜上のNADPオキシダーゼ活性化により惹起されるが、菌体細胞壁のどの構成成分により刺激を受けるかは明確にされていない。しかし、グラム陰性菌である*F. necrophorum*における化学発光反応はLPSか付着素のどちらかで刺激していると思われる。ヒト多形核白血球において糖鎖欠損のラフ型LPSはスムーズ型LPSより化学発光反応を誘導し易いと報告されている（Kapp *et al.*, 1987）。ところが、*F. necrophorum*の場合、LPSの糖鎖は*F. necrophorum* subsp. *necrophorum*の方が*F. necrophorum* subsp. *funduliforme*より長い（Inoue *et al.*, 1985）ので、*F. necrophorum* subsp. *necrophorum*において高い化学発光ピークを示すことと矛盾する。したがって、LPSが*F. necrophorum*の化学発光誘発成分だとは考えにくい。

　血漿不添加において化学発光反応定量を行った際、*F. necrophorum* subsp. *necrophorum*では血漿添加時に起こった反応ピークに引き続いての化学発光量増加は起こらなかったが、一過性のスパイク状のピークは同様に出現した。また、このスパイク状のピークは急激で、貪食のピークとは考えにくい。これらのことより、*F. necrophorum* subsp. *necrophorum*の化学発光反応、すなわち食細胞への付着は菌体の強力な付着物質により極めて短時間に起こり、補体存在下では食作用が進行するが、補体が存在しない場合はそれ以上食胞内への誘導が進まないことを示唆している。一方、*F. necrophorum* subsp.

*funduliforme*では、血漿添加時には緩やかなに反応は上昇するが、血漿不添加時には反応がほとんど見られないことから、その貪食は主に補体のC3bリセプターを介して付着・貪食がおこり、徐々に食菌されていくものと思われる。

IX. 外膜タンパク

*F. necrophorum*は*F. necrophorum* subsp. *necrophorum*と*F. necrophorum* subsp. *funduliforme*の2亜種から構成され（Shinjo *et al.*, 1991）、前者は主として病巣から分離され、マウスに接種するとマウスを致死させる。一方、後者は主として動物の消化管内に生息し、マウスを致死させない（Shinjo *et al.*, 1981）。細菌の細胞膜成分である外膜タンパクはその細菌の有する病原因子の一つであることが知られている（Chang and Doyle 1984; Krinos *et al.*, 1999; Roof *et al.*, 1992）が、本菌の外膜タンパクに関する研究は少ない。そこで病原性の異なる2亜種の外膜タンパクの泳動像を比較し、その機能や病因学上の意義などを検討した。

材料と方法

菌株は*F. necrophorum* subsp. *necrophorum* JCM 3718^T（基準株、VPI 2891）および*F. necrophorum* subsp. *funduliforme* JCM 3724^T（基準株、VPI 6161）の2株を用いた。

外膜タンパクの分離精製

Newell *et al.*, (1983) の方法に従った。概述すると、37℃24時間GAMブイヨン（日水製薬）400ml培養菌を高速冷却遠心機を用いて、4℃、10,000 rpm、10分間、遠心して得られた沈渣を0.05M Tris /HCl buffer (pH7.5) に再浮遊させ、同じ条件でさらに4回洗浄した。集めた菌体を超音波破砕し、4℃、5,000×g、20分間遠心して得られた上清を高速冷却遠心機を用いて

4℃、100,000×g、60分間遠心して沈渣を回収した。得られた沈渣を1％N-Lauroylsarcosine sodium saltと7 mM EDTA（pH 7.6）を1：4（w/w）に再浮遊して37℃、20分間反応させた後、4℃、100,000×g、120分間遠心した。沈渣を同じ条件で再度遠心処理して沈渣を回収し、菌体外膜タンパクとした。この外膜タンパクをTris/HCl bufferに再浮遊させ、4℃で100,000×g、120分間4回遠心洗浄した。得られた外膜タンパクはTris/HCl bufferに浮遊し、-20℃で保存した。菌体タンパクの定量は分光高度計を用いて595nmの波長で牛血清アルブミンのOD値を測定して回帰直線を作成し、これをもとにタンパク量を算定した。

外膜タンパクの電気泳動

2亜種の外膜タンパクをSDS-PAGEにより泳動し、クマシーブリリアントブルーで染色して観察した。

菌体の赤血球凝集試験

BPPY培地37℃、37時間培養菌を遠心洗浄した菌液を分光高度計を用いて波長540nmでOD値を1.0に調製して、0.5％ニワトリ赤血球を用いて赤血球凝集試験を実施した。

外膜タンパクの赤血球凝集試験

精製外膜タンパクを500ng/mlになるようにTris/bufferで希釈し、0.5％ニワトリの赤血球と反応させた。

加熱処理外膜タンパクの赤血球凝集試験

加熱時間を30分に設定して、外膜タンパクを56℃、60℃、80℃および100℃で加熱して、マイクロタイター法で血球凝集価を測定した。

酵素処理外膜タンパクの赤血球凝集試験

外膜タンパクをトリプシン、プロナーゼおよびプロテイナーゼKと37℃、60分間反応させた後凝集価を測定した。

外膜タンパク抗体処理菌体の赤血球凝集試験

無処置の菌体とウサギで作成した抗外膜タンパク抗体を段階希釈して菌体および外膜タンパクと反応させた後、両菌体の血球凝集活性を調べた。

外膜タンパク抗体処理菌体のVero細胞付着阻止試験

外膜タンパクあるいは外膜タンパク抗体、菌体とVero細胞の3者を一定時間反応させ洗浄後デイフクイックで染色して鏡検し、細胞100個あたりの菌体の付着した細胞数を数えその百分率を算出した

外膜タンパクのVero細胞毒性

Vero細胞浮遊液と外膜タンパク液を混合して37℃、2時間作用させて直ちに冷却し、トリパンブルー染色して細胞100個中の生死細胞数を数えた。3回繰り返した。

結　果

外膜タンパクの電気泳動

F. necrophorum subsp. *necrophorum*の菌体外膜タンパクの泳動では44.5kDaと30kDaの2つの主要バンドが、*F. necrophorum* subsp. *funduliforme*では43.5kDaの1つの主要バンドがそれぞれ現れた。両亜種の外膜タンパクのSDS-PAGEの泳動パターンは異なった（図IV-17）。

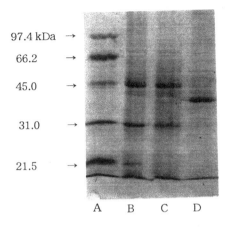

図Ⅳ-17　SDS-PAGEによる電気泳動像
A：分子量マーカー
B：*F. necrophorum* subsp. *necrophorum* JCM 3718[T]
C：*F. necrophorum* subsp. *necrophorum* JCM 3724[T]
D：*F. necrophorum* subsp. *funduliforme* JCM 3720

菌体の赤血球凝集試験

　F. necrophorum subsp. *necrophorum*および*F. necrophorum* subsp. *funduliforme*の血球凝集価はそれぞれ1：16および1：1であった（表Ⅳ-19）

表Ⅳ-19　両亜種の菌体および外膜タンパクの赤血球凝集価

亜種あるいは外膜タンパク	赤血球凝集価
Fnn	16
Fnf	1
Fnn 外膜タンパク	16
Fnf 外膜タンパク	1
PBS（対照）	<1

Fnn：*F. necrophorum* subsp. *necrophorum*
Fnf：*F. necrophorum* subsp. *funduliforme*

外膜タンパクの赤血球凝集試験

F. necrophorum subsp. necrophorum JCM 3718 (500ug/ml) の血球凝集価は1:16で、F. necrophorum subsp. funduliforme JCM 3724 (0.5mg/ml) の凝集価は1:1で、菌体赤血球凝集反応同様、血球凝集価は前者が高かった（表Ⅳ-19）。

加熱外膜タンパクの赤血球凝集試験

加熱時間を30分に設定し、加熱温度を変えて行った試験において、F. necrophorum subsp. necrophorum JCM 3718^T (500mg/ml) では、非処理、56℃、60℃、80℃および100℃加熱後の凝集価は、それぞれ1:16、1:8、1:8、1:1および1:1以下であった。F. necrophorum subsp. funduliforme JCM 3724 (500mg/ml) では、非加熱が1:1であったが、その他は1:1以下であった（表Ⅳ-20）。

表Ⅳ-20 加熱温度による外膜タンパクの赤血球凝集価

加熱温度	赤血球凝集価	
(℃)	Fnn	Fnf
0	16	1
56	8	<1
60	8	<1
80	1	<1
100	<1	<1

Fnn および Fnn：表Ⅳ-19 参照

酵素処理外膜タンパクの赤血球凝集試験

F. necrophorum subsp. necrophorum JCM 3718^T (0.5mg/ml) は、対照、トリプシン処理およびリパーゼ処理では1:16の凝集価であったが、プロナーゼ、プロテイナーゼK処理の検体は凝集性が消失した。一方、F. necrophorum subsp. funduliforme JCM 3724 (0.5mg/ml) は対照、トリプシン処理およびリパーゼ処理では1:1、プオナーゼ、プロテイナーゼK処理の検体は凝集

を示さなかった。また、陰性対照として用いたPBSおよび酵素と血球液のみのもの混合では凝集は起こらなかった（表Ⅳ-21）。

表Ⅳ-21 酵素処理した外膜タンパクの赤血球凝集価

酵素	赤血球凝集価	
	Fnn	Fnf
トリプシン	16	1
プロナーゼ	<1	<1
プロテイナーゼK	<1	<1
リパーゼ	16	1
無処理	16	1
陰性対照	<1	<1

Fnn および Fnf：表Ⅳ-19 参照
陰性対照はPBS＋赤血球、PBS＋酵素

外膜タンパク処理菌体のVero細胞付着性

F. necrophorum subsp. necrophorum JCM 3718^{T}の外膜タンパク（500mg/ml）は、100個のVero細胞中76.4個に付着した。また、外膜タンパクの量を0.125mg/ml、0.25mg/ml、0.5mg/mlに変えてVero細胞を処理すると、菌付着細胞数がそれぞれ、59.0個、46.0個、37.3個と減少した。F. necrophorum subsp. funduliforme JCM 3724^T（0.5mg/ml）は非処理の対照、0.125mg/ml、0.25mg/mlおよび0.5mg/ml量でVero細胞を処理すると菌の菌付着細胞数は26.4、20.3、13.4および9.7と減少した（表Ⅳ-22）。

表Ⅳ-22 外膜タンパク処理菌体のVero細胞への付着

外膜タンパク 濃度(mg／ml)	菌体の付着率(％)	
	Fnn	Fnf
0.5	37.3	9.7
0.25	46.0	13.4
0.125	59.0	20.3
無処置	76.4	26.4

Fnn およびFnf：表Ⅳ-19：参照

外膜タンパク抗体処理菌体の赤血球凝集試験

外膜タンパク抗体は菌体の赤血球凝集を抑制し、その抑制効果は血清を400倍まで希釈しても存在した。

外膜タンパクのVero細胞毒性

外膜タンパクのVero細胞毒性を細胞死亡率で比較すると、外膜タンパク0.5mg／ml添加で死亡したVero細胞は*F. necrophorum* subsp. *necrophorum*では13.3個、*F. necrophorum* subsp. *funduliforme*では6個であった。外膜タンパク0.25mg／ml添加と0.125mg／ml添加でも同じ傾向であった。バッファーのTris／HClでは両亜種とも同じ値であった（表Ⅳ-23）。

表Ⅳ-23　外膜タンパクのVero細胞毒性

外膜タンパク (mg／ml)	Vero 細 胞 毒 性	
	Fnn	Fnf
0.5	13.3	6.0
0.25	8.0	4.7
0.125	3.3	2.7
Tris／HCl	2.0	2.0

Fnn および Fnf：表Ⅳ-19 参照

外膜タンパク抗体処理菌体のVero細胞付着試験

菌体を抗体処理すると付着率が12.0％、対照のTris／HClで前処理した場合は76.4％で、菌体を抗体で前処理すると付着率が著しく低下した（表Ⅳ-24）。

表Ⅳ-24　外膜タンパク抗体処理FnnのVero細胞への付着

外膜タンパク抗体処理	細菌付着率 (％)
＋	12.0
－	76.4

考　察

　*F. necrophorum*は牛肝膿瘍、子牛ジフテリア、牛と羊の趾間腐爛や動物の化膿性病巣から分離される（Tan *et al.*, 1996）。本菌はニワトリ赤血球を凝集する*F. necrophorum* subsp. *necrophorum*と凝集しない*F. necrophorum* subsp. *funduliforme*の2亜種があり、前者は病原性が強く、マウス感染実験でマウスに肝膿瘍お形成して致死させるのに対し、後者は致死させない（Shinjo *et al.*, 1981）。また、*F. necrophorum* subsp. *necrophorum*の血球非凝集性変異株はマウスへの感染実験で肝膿瘍形成能を欠くことが報告されている（Shinjo and Kiyoyama 1986）。

　本菌の付着素は線毛であろうと考えられていた。しかし、両亜種に線毛が存在すること、脱線毛処理菌にも赤血球凝集能が残存することから、付着素の本体についてはなお不明であった。

　今回の実験で本菌の外膜タンパクはニワトリ赤血球凝集能を有した。その付着性は加熱や酵素によって消失した。赤血球凝集素ないしは付着素は易熱性のタンパクであろうと推測された。また、凝集能は赤血球を外膜タンパクで処理するか、菌体を*F. necrophorum*の抗外膜タンパク抗体で処理すると、共に凝集能が消失し、菌体および外膜タンパクのVero細胞付着性も抗外膜タンパク抗体によりで同様に抑制された。外膜タンパクが本菌の血球凝集素であると推測される。

　外膜タンパクの電気泳動像は両亜種で異なった。*F. necrophorum* subsp. *necrophorum*の菌体外膜タンパクの泳動では44.5kDaと30kDaの2つの主要バンドが、*F. necrophorum* subsp. *funduliforme*では43.5kDaの1つの主要バンドがそれぞれ現れ、両亜種の外膜タンパクのSDS-PAGEの泳動パターンは異なった（図Ⅳ-17）。Ainsworth and Scanlan（1993）は*F. necrophorum* subsp. *necrophorum*には44.5kDaの、*F. necrophorum* subsp. *funduliforme*には43.5kDaか38.4kDaの像が現れ、両生物型（両亜種）の泳動パターン像に違いがみられることを報告した。今回の成績はAinsworth and Scanlan（1993）の成績と両亜種とも一部は一致したが、一部は異なった。彼らは分類学的研究の一

端として外膜タンパクの研究を実施したため、外膜蛋白の機能については記述されていない。しかし、外膜タンパクが本菌の付着素であると推測されることから両亜種の外膜タンパク泳動像の違いは、付着能の違いとして表現され、結果として両亜種の病原性の違いの基になっている可能性もある。

付）外膜タンパク免疫によるマウスにおける肝膿瘍予防の試み

　最後に、本項でのべた*F. necrophorum* subsp. *necrophorum*の外膜タンパクによって免疫されたマウスが同菌の攻撃に対して肝膿瘍形成を抑えた結果が得られたので簡単に記述する。

　F. necrophorum subsp. *necrophorum*感染初期において最も重要な病原因子は本菌の付着能であろうと考えている。これまでの研究者がロイコシジンを感染時おける病原因子として挙げていて、ロイコシジンを免疫原とした感染予防の報告がある。しかし、筆者は感染が成立した後食細胞による食菌にロイコシジン産生の強弱が以後の感染を左右すると考えられるが、感染の最初期における付着が感染を左右する重要な因子と考えている。本菌の付着素である外膜蛋白を免疫原としたマウスにおける予防効果を試験した。

材料と方法

　菌株は*F. necrophorum* subsp. *necrophorum*JCM3718^T（基準株、VPI 2891）を使用し、外膜タンパクを調整した。

　使用動物はC3H／HeJ（HLC）の6週齢、雄5匹を1群として使用した。

　マウスの免疫は外膜タンパク（0.13mg／ml）にIncomplete adjuvant（Difico Laboratories, Detroit, U. S. A.）を等量加え、よく混合し混合液を3か所の皮下に免疫注射した。

　免疫後のマウスへの攻撃のための接種菌の菌数計算は*F. necrophorum* subsp. *necrophorum*のBPPY培地の37℃、24時間培養菌液を常法によった。

　免疫マウスは最終免疫1週後に菌液（2×10^8／ml）を腹腔内に接種した。

結　果

　無免疫の対照マウスは F. necrophorum subsp. necrophorum の攻撃で 8 匹中 6 匹に肝膿瘍が形成されたのに対し、外膜タンパクで免疫したマウスでは 5 匹全てのマウスにおいて膿瘍は認められなかった（表IV-25）。

表IV-25　Fnn外膜タンパク免疫による肝膿瘍形成の抑制

Fnn 外膜タンパク免液原接種	肝膿瘍形成	
	＋	－
＋	0	5
－	6	2

Fnn：表IV-19 参照

考　察

　外膜タンパクでマウスを免疫すると、無免疫マウスに比べて肝膿瘍の発現が抑えられた。外膜タンパクの免疫によって原因菌の肝細胞への付着が阻止された結果、原因菌の増殖が不可能となり、膿瘍形成が阻止されたと推測された。

　本稿では項目名をはじめ外膜タンパクと表現したが、タンパクの精製が不十分で、外膜タンパクを含む菌体タンパクとすべきであった。煩雑な文章表現を避けるため、単に外膜タンパクとした。

IV章の文献

I．溶血活性

Asao, T., Kinoshita, Y., Kozaki, S., Uemura, T. and Sakaguchi, G. Infect. Immun., 46, 122-127（1984）

Emery, D. L., Vaughan, J. A., Clark, B. L., Dufty, J. H. and Stewart, D. J. Aust. Vet. J., 62, 43-46（1985）

Fievez, L. Étude compaée des souches de *Spharophorus ncrophorus* isolées chez l'Homme et chez l'Animal. Presess Académiques Européenes, Bruxelles, pp78-79（1963）

Geoffroy, C., Gaillard, J-L., Alouf, J. E. and Berche, P. Infect. Immun., 55, 1641-1646 (1987) Ike, Y., Hashimoto, H. and Clewell, D. B. Infect. Immun., 45, 528-530 (1984)

Kanoe, M., Imagawa, H. and Toda, M. Bull. Fac. Agri. Yamaguchi Univ., No. 26, 161-172 (1975).

Kanoe, M., and Iriki, M. FEMS Microbiol. Lett., 28, 187-191 (1985)

König, W., Faltin, Y., Scheffer, J., Schöffler, H. and Braun, V. Infect . Immun., 55, 2554-2561 (1987)

Miyazato, S., Shinjo, T., Yago, H. and Nakamura, N. Jpn J. Vet. Sci., 40, 619-621(1978)

中村憲雄、新城敏晴、白石不二雄、山本正悟、白石昭夫、玉田省吾、鈴木好人、宮大農報、21、337-343 (1974)

Scheffer, J., König, W., Kacker, J. and Goebel, W. Infect. Immun., 50, 271-278 (1985)

Shinjo, T. Ann. Microbiol. (Paris), 134B, 401-409 (1983)

Shinjo, T., Hazu, H. and Kiyoyama, H. FEMS Microbiol. Lett., 48, 243-247 (1987)

Shinjo, T., Misawa, N. and Goto, Y. APMIS, 104, 75-78 (1996)

Shinjo, T., Miyazato, S. and Kiyoyama, H. Ann. Inst. Pasteur Microbiol., 139, 453-460 (1988)

Ⅱ. 赤血球凝集能

Beerens, H., Fievez, L. et Wattré, P. Ann. Inst. Pasteur (Paris), 121, 37-41 (1971)

Elmros, T., Hörstedt, P. and Winbald, B. Infect. Immun., 12, 630-637 (1981)

Shinjo, T. Jpn. J. Vet. Sci., 48, 603-604 (1986)

Shinjo, T., Fujisawa, T. and Mitsuoka, T. Int. J. Syst. Bacteriol., 41, 395-397 (1991).

Shinjo, T. and Kiyoyama, H. Jpn. J. Vet. Sci., 48, 52-527 (1986)

Shinjo, T., Miyazato, S., Kaneuchi, C. and Mitsuoka, T. Jpn. J. Vet. Sci, 43, 233-241, (1981a)

Shinjo, T., Yoshitake, M., Kiyoyama, H. and Misawa, N. Jpn. J. Vet. Sci., 43, 912-921 (1981b)

Skerman, T. M., Erasmuson, S. K. and Every, D. Infect. Immun., 32, 788-795 (1981)

Tanaka, Y. and Katsube, Y. Jpn. J. Vet. Sci., 40, 671-681 (1978)

Ⅲ. 細胞付着性

Kanoe, M., Imagawa, H. and Toda, M. Bull. Fac. Agri. Yamaguchi Univ., No. 26, 161-172 (1975)

Shinjo, T. Ann. Microbiol. (Paris), 134 B, 401-409 (1983)
Shinjo, T., Miyazato, S., Kaneuchi, C. and Mitsuoka, T. Jpn. J. Vet. Sci., 43, 233-241 (1981)
Shinjo, T., Miyazato, S. and Kiyoyama, H. Ann. Inst. Pasteur Microbiol., 139, 453-460 (1988)

IV. 疎水性

Kanoe, M., Imagawa, H. and Toda, M. Bull. Fac. Agri. Yamagucgi Univ., No 26, 161-172 (1975)
Magnusson, K. E. Scand. J. Infect. Dis., Suppl., 33, 32-36 (1982)
Miyazato, S., Shinjo, T., Yago, H. and Nakamura, N. Jpn. J. Vet. Sci., 40, 619-621 (1978)
Rosenberg, M., Gutnick, D. and Rosenberg, E. FEMS Microbiol. Lett., 9, 29-33 (1980)
Rosenberg, M, Judes, H. and Weiss, E. Infect. Immun., 42, 831-834 (1983)
Rosenberg, M., Perry, A., Bayer, E. A., Gutnick, D. L., Rosenberg, E. and Ofek, I. Infect. Immun., 33, 29-33 (1981)
Shinjo, T., Fujisawa, T. and Mitsuoka, T. Int. J. Syst. Bacteriol., 41, 395-397 (1991)
Shinjo, T., Hazu, H. and Kiyoyama, H. FEMS Microbiol. Lett., 48, 243-247 (1987)
Shinjo, T. and Kiyoyama, H. Jpn. J. Vet. Sci., 48, 523-527 (1986)
Shinjo, T., Miyazato, S., Kaneuchi, C. and Mitsuoka, T. Jpn. J. Vet. Sci., 43, 233-241 (1981)
Shinjo, T., Miyazato, S. and Kiyoyama, H. Ann. Inst. Pasteur Microbiol., 139, 453-460 (1988)
新城敏晴、中村憲雄. 宮崎大学農学部研究報告、26, 167-171, (1979)
Smyth, C. J., Jonsson, P., Olsson, E., Soderlind, O., Rosenberg, J., Hjertén, S. and Wadström, T. Infect. Immun., 22, 462-4762 (1978)

V. 血小板業収能

Czupryens, C. J. and Balish, E. Infect. Immun., 33, 103-108 (1981)
Forrester, L. J., Campbell, B. J., Berg, J. N. and Barrett, J. T. J. Clin. Microbiol., 22, 245-249 (1985)
Greenblatt, J., Boackle, R. J. and Schwab, J. H.. Infect. Immun., 19, 296-303 (1978)
Hamberg, M., Svensson, J. and Samuelsson, B. Proc. Nat. Acsd. Sci. USA, 72, 2994-2998 (1975).
Herzberg, M. C., Brintzenhofe, K. L. and Clawson, C. C. Infect. Immun., 39, 1457-

1469 (1983)

Hirose, M., Kiyoyama, H., Ogawa, H. and Shinjo, T. Vet. Microbiol., 32, 343-350 (1992)

Kanoe, M. and Yamanaka, M. J. Med. Microbiol., 29, 13-17 (1989)

Maisch, P. A. and Calderone, R. A. Infect. Immun., 32, 92-97 (1981).

Morrison, D. C., Kline, L. F., Oades, Z. G. and Henson, P. M. Infect. Immun., 20, 744-751 (1978)

Rourke, F. J., S. S. and Wilder, M. S. Infect. Immun., 23, 160-167 (1979)

山本 学、植田 譲 アラキドン酸代謝を中心とした血小板の脂質代謝、血小板、医歯薬出版、81-88、(1982)

VI. LPS

Doebber, T. W., Wu, M. S., Robbins, J. C., Choy, B. M., Chang, M. N. and Shen, T. Y. Biochem. Biophy. Res. Com., 127, 799-808 (1985)

Hirose, M., Kiyoyama, H., Ogawa, H. and Shinjo, T. Vet. Microbiol., 32, 343-350 (1992)

牧野荘平、呼吸と循環、37、118-126 (1989)

Naier, R. V. and Hahnel, G. B. Arch. Surg., 119, 62-67 (1984)

西川浩平、代謝、26、453-463 (1989)

Springer, G. F. and Adye, J. C. Infect. Immun., 12, 978-986 (1975)

和久敬蔵、代謝、24、625-639 (1987)

Westphal, O. and Jann, K. Methods in Carbohydrate Chemistry, 5, 83-91 (1965)

VII. SODおよびカタラーゼ

Beauchamp C. and Fridovich I. Anal. Biochem., 44, 276-287 (1971)

Beers, R. F., Jr. and Sizer, I. W. J. Biol. Chem., 195, 133-140 (1952)

Carlsson J., Wrethén J. and Beckman G. J. Clin. Microbiol., 6, 280-284 (1977)

Fulghum R. S. and Worthington J. M. Appl. Environ. Microbiol. 48, 675-677 (1984)

Gregory, E. M.and Dapper, C. H. J. Bacteriol., 144, 967-974 (1980)

Gregory E. M., Moore W. E. C. and Holdeman L. V. Appl. Environ. Microbiol., 35, 988-991 (1978)

Hassan, H. M., Bhatti, A. R. and White, L. A. FEMS Microbiol. Lett., 25, 71-74 (1984)

Hewitt, J. and Morris, J. G. FEBS Lett., 50, 315-318 (1975)

今成登志男、広田元子、宮崎元一、早川和一、田村善蔵、医学のあゆみ、101, 496-497 (1977)

Kanafani, H. and Martin, S. E. J. Clin. Microbiol., 21, 607-610 (1985)

Lowry, O. H., Rosebrough N. J., Farr A. L. and Randall R. J. J. Biol. Chem., 93, 265-275 (1951)

Lynch M. C. and Kuramitsu, H. K. Infect Immun., 67:3367-3375 (1999)

Mitsuoka T., Morishita Y., Terada A. and Yamamoto S. Jpn. J. Microbiol., 13, 383-385 (1969)

宮崎修一、石井哲夫、辻　明良、北矢　進、金子康子、小川正俊、五島瑳智子、日細誌、41, 611-617 (1986a)

宮崎修一、辻　明良、石井哲夫、北矢　進、金子康子、五島瑳智子、日細誌、41, 535-539 (1986b)

Nakayama, K. J. Bacteriol., 176, 1939-1943 (1994)

Onderdonk, A. B., Weinstein, W. M., Sullivan, N. M., Bartlett J. G. and Gorbach S. L., Infect. Immun., 10, 1256-1259 (1974)

Privalle, C. T. and Gregory E. M. J. Bacteriol., 138, 139-145 (1979)

Rolfe, R. D., Hentges, D. J., Campbell, B. J. and Barrett, J. T. Appl. Environ. Microbiol., 36, 306-313 (1978)

Seyler, R. W., Jr., Olson, J. W. and Maier, R. J. Infect. Immun., 69, 4034-4040 (2001)

新城敏晴、ウシの肝膿瘍、光岡知足編、腸内フローラと感染症、学会出版センター、東京 (1986)

Shinjo, T., Fujisawa, T. and Mitsuoka, T. Int. J. Syst. Bacteriol., 41, 395-397 (1991)

Shinjo, T., Miyazato, S., Kaneuchi, C. and Mitsuoka, T. Jpn. J. Vet. Sci., 43: 233-241 (1981)

新城敏晴、中村憲雄、玉田省吾　宮大農報、26, 409-414 (1979)

Tally, F. P., Goldin, B. R., Jacobus, N. V. and Gorbach, S. L. Infect. Immun., 16: 20-25 (1977)

Tally, F. P., Stewart, P. R., Sutter, V. L. and Rosenblatt, J. E. J. Clin. Microbiol., 1,161-164 (1975)

Ⅷ. 貪食抵抗性と細胞毒性

Emery, D. L., Vaughan, J. A., Clark, B. L. Dufty, J. H. and Stewart, D. J. Aust. Vet. J., 62, 43-46 (1985)

Garcia, G. G., Amoako, K. K., Xu, D. L., Inoue, T., Goto, Y. and Shinjo, T. Microbios, 100, 175-179 (1999)

Inoue, T., Kanoe, M., Goto, N., Matsumura, K. and Nakano, K. Jpn. J. Vet. Sci., 47, 639

-645 (1985)

Kapp, A., Freudenberg, M. and Galanos, C. Infect. Immun., 55, 758-761 (1987)

Pick, E. and Keisari, Y. Cell Immunol., 59, 301-318 (1981)

Robinson, P., Wakefield, D., Breit, S. N., Easter, J. F. and Penny, R.. Infect. Immun., 43, 744-752 (1984)

Scanlan, C. M., Berg, J. N. and Fales, W. H. Amer. J. Vet. Res., 43, 1329-1333 (1982)

Shinjo, T., Hazu, H. and Kiyoyama, H. FEMS Microbiol. Lett., 48, 243-247 (1987)

Shinjo, T., Miyazato, S. and Kiyoyama, H. Ann. Inst. Pasteur Microbiol., 139, 453-460 (1988)

Tan, Z. L., Nagaraya, T. G., Chengappa, M. M. and Smith, J. S. Amer. J. Vet. Res., 55, 515-521 (1994)

IX. 外膜タンパク

Ainsworth, P. C. and Scanlan, C. M. J. Vet. Diag. Invest., 5 , 282-283, 1993.

Chang, M. T. and Doyle, M. P. Infect. Immun., 43, 472-476, 1984.

Krinos, C., High, A. S. and Rodgers, F. G. J. Appl. Microbiol., 86, 237-244, 1999.

Newell, D.G., Mcbride, H. and Pearson, A. D. J. Gen. Microbiol., 130, 1201-1208, 1983

Roof, M. B., Kramer, T. T. and Roth, J. A. Vet. Microbiol., 30, 355-368, 1992

Shinjo, T., Fujisawa, T. and Mitsuoka, T. Int. J. Syst. Bacteriol., 41, 395-397, 1991.

Shinjo, T. and Kiyoyama, H. Jpn. J. Vet. Res., 48, 523-527, 1986.

Shinjo, T., Miyazato, S. , Kaneuchi, C. and Mitsuoka, T. Jpn. J. Vet. Sci., 43, 233-241, 1981.

Tan, Z. L., Nagaraja, T. G and Chengappa, M. M. Vet. Res. Commun., 20. 113-140, 1996.

Ⅴ　章

マウスにおける肝膿瘍発症試験

はじめに

　前章において、F. necrophorum 2亜種の病原因子について述べた。本章ではマウスを用いて感染実験を行い、原因菌と宿主の両面から肝膿瘍形成について検討した。すなわち、肝膿瘍などの病巣から分離されるF. necrophorum subsp. necrophorumと主として動物の消化管内から分離されるF. necrophorum subsp. funduliformeの病原性の異なる2亜種を用いて、被接種マウスの条件を種々変えて感染させ、肝膿瘍形成と形成条件を検討した。ここでは接種法としては従来用いられてきた腹腔内接種法と尾静脈内接種法を用いた感染実験について述べ、続いて筆者らの考案した門脈内接種法を用いた実験について紹介する。

I. 腹腔内接種

　マウスを用いた肝膿瘍発症試験についてはHill et al.（1974）、Wilkins and Smith（1974）、Abe et al.（1976）, Conlon et al.（1977）, Garcia et al.（1977）らの報告があり、主として腹腔内接種法が用いられている。本項ではF. necrophorum subsp. necrophorumおよびF. necrophorum subsp. funduliformeをマウスの腹腔内に接種して両亜種間の肝膿瘍形成能などを比較した。

材料と方法

　菌株はF. necrophorum subsp. necrophorumとしてJCM 3718^T（基準株、VPI 2891）およびJCM 3716（Fn 43、牛肝膿瘍分離株）の2株、F. necrophorum subsp. funduliformeとしてJCM 3724^T（基準株、VPI 6161）およびJCM 3717（Fn 45、牛肝膿瘍分離株）の2株、合わせて4株を使用した。マウスはICR系、各菌株各5匹を使用した。BPPY培地（Miyasato et al., 1978）24時間培養菌液0.3mlをマウス腹腔内に接種した。試験期間中斃死したマウスはその都度、生残したマウスは菌接種15〜16日後に頸椎脱臼死させ、剖検と細菌培

養を行った。

結　果

　F. necrophorum subsp. *necrophorum*を接種したマウスは臨床的に接種翌日から元気消失し、食欲はなく、皮毛は粗剛で、次第に削痩して行き、JCM 3718[T]株接種マウスは5～7日後に、JCM 3716株接種マウスは8～9日後に斃死した。剖検すると近接臓器と癒着した広い範囲の膿瘍が肝臓に認められた。接種菌の分離では、肝膿瘍および非膿瘍部の肝臓から高菌数で回収され、また脾臓、腎臓および肺からも菌が回収された（表V-1）。一方、*F. necrophorum* subsp. *funduliforme*を接種したマウスは臨床的に目立つ所見はなく推移したが、体重の増加は鈍化した。全てのマウスが15～16日間生残した。剖検では、肝臓に膿瘍が認められたが、それらは小さくて限局的なものであった。菌分離成績はJCM 3724[T]株接種の肝膿瘍形成マウス5例中3から、肝臓からは5例中2例で菌が分離されたが、脾臓、腎臓および肺では殆どの例で陰性であった（表V-2）。

表V-1　*F. necrophorum* subsp. *necrophorum*全培養菌液腹腔内接種による肝膿瘍形成試験

菌株	マウス番号	開始時体重	接種菌数[1]	接種後日数	生死	剖検時体重	肝膿瘍形成[2]	接　種　菌　の　回　収				
								膿瘍[3]	肝臓[3]	脾臓[4]	腎臓[4]	肺[4]
JCM 3718[T]	1	22	7.5	5	死	17	＋	10.1	8.2	+++	+++	+++
	2	23		7	死	29	＋	10.3	7.6	+++	+++	+++
	3	23		5	死	17	＋	10.7	8.9	+++	+++	++
	4	30		7	死	26	＋	10.3	7.2	+++	+++	+++
	5	25		7	死	20	＋	9.3	6.6	+++	+++	+++
JCM 3716	1	25	8.3	8	死	20	＋	10.1	8.6	+++	+++	+++
	2	30		8	死	26	＋	9.8	7.8	+++	+++	+++
	3	30		8	死	22	＋	10.0	8.5	+++	+++	+++
	4	25		8	死	21	＋	11.3	9.5	+++	+++	+++
	5	26		9	死	22	＋	10.0	9.1	+++	+++	+++

[1]：接種菌数の数値はマウス1匹あたりの生菌数の対数値
[2]：＋；膿瘍形成、－；膿瘍非形成
[3]：回収された菌数の対数値
[4]：回収された菌の1平板当りの集落数（－：菌非分離、＋：集落数：1～9個、＋＋：11～49個、＋＋＋：50個以上
[T]：基準株

表V-2　*F. necrophorum* subsp. *funduliforme*全培養菌液腹腔接種による肝膿瘍形成試験

菌　株	マウス番号	開始時体重	接種菌数[1]	接種後日数	生死	剖検時体重	肝膿瘍形成[2]	接種膿瘍[3]	菌 肝臓[4]	の 脾臓[4]	回 腎臓[4]	収 肺[4]
JCM 3724^T	1	31		15	生	32	+	5.3	+	+	+	+
	2	26		15	生	33	+	7.2	−	−	−	−
	3	32	8.3	15	生	35	+	<2.3	−	−	−	−
	4	27		15	生	36	+	<2.3	−	−	−	−
	5	29		15	生	33	+	6.1	−	−	−	−
JCM 3717	1	27		16	生	31	+		+	−	−	−
	2	31		16	生	32	+		+	−	−	−
	3	33	8.0	16	生	33	+	NT[3]	+	−	−	−
	4	29		16	生	32	+		+	−	−	−
	5	29		16	生	32	+		+	−	−	−

[1]〜[4]および^T：表V-1参照、[5]：試験せず

考　察

　*F. necrophorum*のマウス腹腔内接種において、*F. necrophorum* subsp. *necrophorum*では致死的で、ほとんどが急性死し、肝臓に浸潤性の重度の膿瘍を形成した。一方、*F. necrophorum* subsp. *funduliforme*では非致死的で、肝臓には散発性、限局性の小膿瘍が形成された。肝膿瘍形成能において２亜種間に違いがみられた。また、*F. necrophorum* subsp. *necrophorum*では接種菌が肝臓、脾臓、腎臓および肺から回収されたのに対し、*F. necrophorum* subsp. *funduliforme*では肝臓のみから分離された。この違いはすでに本菌の病原因子については前章で見てきたように、両亜種間の侵襲性や食細胞の貪食抵抗性ひいては食細胞内での生残性の違いによるものであろう。

　両亜種の種々の病原因子の強弱により、上述のような病状の違いが生じたと考えられ、牛における肝膿瘍自然発生例でも同様な理由により、肝臓に到達して増殖した*F. necrophorum* subsp. *necrophorum*が肝膿瘍から主として分離されるのであろう。原因菌の病原性の強弱も重要な因子であることを示す結果であった。

　牛の肝膿瘍は第一胃内の*F. necrophorum* subsp. *necrophorum*が門脈経路で

肝臓に達して増殖し、膿瘍を形成すると考えられている。腹腔内接種法はマウスに肝膿瘍は形成させることはできたが、自然感染ルートを考慮にいれると、本法を用いて、肝膿瘍発症機構を追求する接種法としては適当ではないと考えられる。自然発生例に近い接種法の開発が必要であると考えた。

II. 尾静脈内接種

これまで多くの菌で静脈内接種法として尾静脈内接種法が採用されてきており、F. necrophorumに関しても報告がある (Conlon et al., 1977)。今回、牛肝膿瘍由来のF. necrophorum subsp. necrophorumの尾静脈接種により肝膿瘍が形成されるか検討した。

材料と方法

菌株は牛肝膿瘍由来のF. necrophorum subsp. necrophorum JCM 3716 (Fn 43、肝膿瘍分離株) を、マウスはICR系マウス♂と♀、体重30g前後のものを供試した。接種菌液はBPYブイヨン (Shinjo et al., 1981) を用い、10^7 cfu/マウスの菌数を21匹のマウスの尾静脈内に接種した。接種後、1, 2, 3, 4, 6, 8, 11, 15, 17 (1匹), 20および22日目に各2匹をと殺剖検し、肉眼的検査および組織学的検査を行った。肝膿瘍部および肉眼的に著変が認められない肝臓部は定量的に、脾臓、腎臓および肺は定性的に菌の回収を行った。

結果

症状および剖検所見

接種1〜2日後、全てのマウスに若干の体重減少はあったが、肝臓その他に著変は認められなかった。2日および3日後には軽度の脾腫があったが、肝臓に著変は認められなかった。3日後にはわずかに体重が増加した。

4日後、軽度の脾腫、前肢や後肢の膝関節内側と一部腰部に粟粒大の膿瘍を形成した。6日後、著変を認めず、8日後、後肢膝関節内側や外側に膿瘍、

後肢大腿部に膿瘍形成と脾腫があり、11日後、体重減少、後肢麻痺、歩行困難、剖検すると左右後肢膝関節周囲や胸骨部に膿瘍形成と著明な脾腫を認めた。

15日後、著明な体重減少があり、被毛粗剛で分泌物により眼瞼は癒着し、左右後肢膝関節部と胸部は膿瘍形成による腫瘤が皮膚に突出し歩行困難に陥った。剖検所見は左右後肢膝関節周囲、左右前肢肩関節周囲、左側胸部、胸骨部の筋肉内に粟粒大から大豆大の膿瘍が1から2個ずつ認められた。また、菌接種部にも膿瘍が認められた。肝臓は内側左葉、外側右葉および外側左葉横隔膜面に浸潤性の壊死が認められた。

20日後、体重減少があり、左右後肢膝関節周囲に小豆大の膿瘍形成、あるいは左後肢麻痺、胸骨の第一肋骨部筋肉内に形成された膿瘍は自潰して膿汁を漏出、左膝関節周囲に大豆大の膿瘍形成、左後肢膝関節周囲に大豆大の膿瘍、著明な脾腫を認めた。22日後、体重減少があり、左後肢膝関節周囲に1個、尾根部に2個の膿瘍形成があった。

組織学的検査
肝臓の組織所見

クッパー細胞の活性化が接種翌日から認められ、以後継続して観察された。ジヌソイド内には2日後に好中球、4日後にはマクロファージの塊状の浸潤があった。中心静脈周囲の肝細胞の変性が3日後に出現し、4日後には肝細胞の核崩壊や核消失も認められた。中心静脈周囲には、3日後に好中球とマクロファージの浸潤が、6日後には両細胞の塊状浸潤があり、さらに15日後にはこれらの細胞の浸潤とともにプラズマ細胞の浸潤も認められた。ジヌソイドは17日後には拡張し、好中球、マクロファージやプラズマ細胞の浸潤が著明であった。20日後には小葉間結合組織にも好中球、マクロファージやプラズマ細胞の浸潤が認められた。ジヌソイド内や中心静脈周囲の好中球やマクロファージの細胞浸潤は観察最終日まで続いて観察された。

膿瘍の組織所見
　後肢膝関節内側部に形成された膿瘍は中心にエオジンに濃染する均質の好中球の破砕、融解部がみられ、その周囲に好中球が浸潤し、線維芽細胞および結合織線維で囲まれていた。膿瘍膜の外側には筋組織が認められた。

脾臓、腎臓および肺の所見
　脾臓は全例に髄外造血と思われる巨細胞の増加が、赤脾髄に好中球の浸潤があり、肺では動脈周囲の細胞浸潤が、腎臓では細動脈の充血と動脈周囲の細胞浸潤がそれぞれ認められた。

細菌学的検査
　全ての膿瘍部からは菌が10^3〜10^9/gの菌数で分離され、1例を除き10^7/g以上の菌数であった。諸臓器からの菌の回収は概して低率であった（表V-3）。

考察
　今回、*F. necrophorum* subsp. *necrophorum* JCM 3716（Fn 43、肝膿瘍分離株）を10^7cfu/マウスの菌数を尾静脈内に接種したところ、肝臓には膿瘍は形成されなかったが、後肢をはじめとする全身の関節周囲に膿瘍が認められた。
　Conlon *et al.*（1977）はSwiss Webster系マウスの尾静脈内に$4×10^6$個の牛肝膿瘍由来の*F. necrophorum* subsp. *necrophorum*を接種したところ、接種11日後に50%のマウスの後肢に膿瘍が形成され、10%に肝膿瘍が認められたと報告した。また、$5×10^4$個の菌を尾静脈内に接種したDBA/2G系マウスでは、接種6日後より33%のマウスの後肢に膿瘍が形成されると報告し、使用するマウスの系統、週齢などにより本菌に対する感受性に違いがあるとしている（Conlon *et al.*, 1977）。
　今回の実験では後肢に膿瘍が認められたのはConlon *et al.*（1977）の結果とほぼ同様であったが、肝膿瘍が観察されなかったことと後肢以外でも膿瘍

表V-3　*F. necrophorum* subsp. *necrophorum*培養菌液の尾静脈内接種実験

供試動物数	接種菌数a)	接種後日数2)	膿瘍形成2)	膿瘍の発生部位 後肢左	後肢右	前肢左	前肢右	胸部	腰部	その他	接種菌の回収 膿瘍部3)	肝臓3)	脾臓4)	腎臓4)	肺4)
2	7.3	1	− −									<2.3	−	−	−	−
2	7.9	2	− −									<2.3				
2	7.6	3	− −									<2.3				
4	7.4	4	− +	+ 							+ 	<2.3	+	+	+
2	7.4	6	− −									<2.3				
2	7.3	8	+ −	+ 							+ 3.3	<2.3				
2	7.3	11	+ +	+ +	+ 			 +			9.5 9.8	<2.3				
2	7.9	15	+ +	+ +	+ +	+ +	+ +	+ +	 +	+ +	7.7 9.6	4.8 4.8	+ +	+ +	+ +
1	7.3	17	+	+		+		+			9.3	4.8				
2	7.3	20	+ +	+ +	+ 			 +			8.9 8.9	<2.3 9.0	+	−	−	
2	7.3	22	+ −	+ 						+ 	9.6	<2.3				

1)〜4)：表V-1参照

が認められたことは異なる成績であった。肝臓では膿瘍が観察されなかったが、組織検査では肝細胞の変性、クッパー細胞の活性化、中心静脈周囲、ジヌソイド内と小葉間結合織に好中球、マクロファージ等の炎症性細胞の浸潤が認められたことから菌は肝臓へ侵入したと判断された。

　菌接種後1〜3日間は主要臓器から菌が分離されなかった。それは宿主細胞の菌排除能により、生菌数が急速に減少したため、検出できなかったと考えられた。膿瘍の形成部位は左右後肢、前肢、胸部とほぼ一定しており、菌がリンパ経路でリンパ節に達して増殖して原発巣を形成し、重症例では菌血症および転移により関節周囲などに膿瘍を形成したと考えられた。肝臓に膿瘍を形成しなかったのは、肝臓へ到達した菌数が少なかったことと、侵入した菌が増殖するために必要な条件が肝臓に存在しなかったためと考えられ

た。組織学的にも肝臓への菌侵入の所見がみられた。肝臓における膿瘍形成には、腹腔内接種や後述する門脈内接種の結果と同様に、ある程度以上の生菌数の侵入と肝臓内の栓塞や壊死巣の存在などの嫌気性菌の増殖に必要な条件の成立、すなわち肝臓側の要因も深く関わっていることが示唆された。

　Conlon et al.（1977）と今回の実験は強病原性の亜種である F. necrophorum subsp. necrophorum を用いたが、肝臓に膿瘍を形成させることはできなかった。Conlon et al.（1977）はSwiss Webster系マウスおよびDBA／2G系マウスに、それぞれ10^6cfu／マウスおよび10^4cfu／マウスの菌数を接種し、本実験ではICR系マウスに10^7cfu／マウスの菌数の接種であった。供試したマウスの系統と接種菌数に違いがあった。それらの結果の違いは恐らく接種菌数の差異によるものであろう。

　最近、弱病原性の亜種である F. necrophorum subsp. funduliforme を10^8cfu／マウスの菌数でBALB／c系マウスの尾静脈内に接種して肝膿瘍を発現させたとの報告がでた（Nagaoka et al., 2013）。今回この亜種については実験していないので比較はできなかった。

Ⅲ．門脈内接種

　牛肝膿瘍の発症機構について、Jensen et al.（1954b）は濃厚飼料多給によりルーメンパラケラトージスが生じ、続いて第一胃炎に移行し、その損傷部から第一胃内の原因菌が門脈経路で肝臓に達して増殖し、肝膿瘍を形成するとするRumenitis-liver abscess complex説を提唱した。健康な牛、羊および豚を用いて門脈経路で感染実験を行った結果、肝膿瘍は牛では70％に、羊では90％に形成されたが、豚では0％であった（Jensen et al., 1954a）。また、Scanlan and Berg（1982）とTakeuchi et al.（1984）も牛の門脈内接種で肝膿瘍形成実験に成功している。しかし、牛を感染実験に常用することは困難である。これまで実験動物を使った門脈内接種の報告はなく、マウスなどの実験動物を用いた門脈内接種法の確立が待たれていた。その目的を達成する

ための基礎実験として、ICRマウスを用いて門脈内接種法について種々検討した結果、麻酔法、門脈内接種法、接種後の止血法と麻酔覚醒時の動物の温度管理に留意して実験を行へばマウスの門脈内接種が可能でありことが判明した。本項では新しく開発した技術を応用したF. necrophorumのマウス門脈内接種法により行った幾つかの肝膿瘍形成実験の結果について述べる。

1）F. necrophorum subsp. necrophorum接種実験
（a）全培養菌液接種
まず、F. necrophorum subsp. necrophorumの全培養菌液を後述の方法でマウスの門脈に接種して肝膿瘍の発生状態を調べた。

材料と方法
接種菌株として、F. necrophorum subsp. necrophorum JCM 3716（Fn43、牛肝膿瘍分離株）を用い、ICR系マウス、体重25～35ｇの動物を使用した。麻酔法として滅菌蒸留水で10倍に希釈したソムノペンチール（ピットマン・ムアー社）を40～50mg/kgを腹腔内に注射して麻酔し、必要に応じてエーテルの吸入麻酔を追加した。麻酔されたマウスを解剖台に仰向けに保定し、開腹して門脈を探索保定して最細の28ゲージ注射針を用いて菌を接種した。抜針後は直ちに外科用接着剤アロンアルファA（三共製薬）を素早く接種部に滴下して止血した。術後のマウスは温浴槽に浮かせた暖かいケージの中で覚醒させた。

供試菌のBPYブイヨン（Shinjo et al., 1981）全培養菌液（3.6×10^6～7.2×10^7/マウス）を17匹のマウスの門脈内に接種し、接種1日、2日、3日、5日、7日および13日後に屠殺剖検し、細菌検査のための材料を無菌的に採取するとともに、肝臓、脾臓、腎臓および肺を10％ホルマリン液で固定して、病理学的検査に供した。菌の回収は肝膿瘍および肝膿瘍と同一肝臓の肉眼的に正常部は定量的に脾臓、腎臓および肺は定性的に炭酸ガス置換スチールウール法により嫌気的に培養によった。

結 果

症状および剖検所見

臨床症状は2日以降の体重減少、元気消失、3日以降の被毛粗剛などが特徴であった。肝膿瘍は菌被接種マウス17例中11例において形成されたが、形成は主として3日以降であった。膿瘍は経過とともにその大きさを増し、1葉ないし数葉にわたった。膿瘍の好発部位は尾状葉、外側右葉、外側左葉の臓側面であった。7日以降に脾腫が認められた。

組織学的には肝臓で肝細胞の変性、ジヌソイド内、血管周囲性、小葉間結合織周囲への好中球、リンパ球、マクロファージの細胞浸潤がみられ、経過とともに細胞浸潤の度合いが強くなった。肝膿瘍部には結合織の増生がみられた。脾臓では巨細胞が出現し、脾腫が進むにつれ、その数を増した。腎臓では一部にリンパ球やプラズマ細胞の浸潤が認められたが、肺ではほとんど著変は認められなかった。

細菌学的検査

肝膿瘍全例から接種菌が10^9〜10^{10}／gの菌数で分離された（表V-4）。肉眼的に正常な肝臓組織では17例中16例から10^3〜10^9／gの菌が回収された。また、定性的に培養した脾臓では15例から、腎臓および肺では各16例から菌が回収された。

(b) 洗浄菌液接種

前項で*F. necrophorum* subsp. *necrophorum*全培養菌液のマウス門脈内接種で肝臓に膿瘍が形成された。本項では*F. necrophorum* subsp. *necrophorum*の培養菌液を洗浄により外毒素などの代謝産物を除き菌体のみを含む菌液を同様に接種して肝膿瘍が形成されるかを調べた。

材料と方法

接種菌株として*F. necrophorum* subsp. *necrophorum* JCM 3716（Fn43、肝

表V-4 *F. necrophorum* subsp *necrophorum*の全培養菌液門脈内接種による肝膿瘍形成試験

動物番号	接種菌数[1]	と殺後日数	肝膿瘍形成[2]	接種菌の分離成績				
				肝膿瘍部[3]	肝臓[3]	脾臓[4]	腎臓[4]	肺[4]
1	6.6	1	−		7.3	+	+	+
2	6.6		−		3.6	+	+	+
3	7.4		+	10.8	7.8	+	+	+
4	7.6	2	−		8.9	+	+	+
5	7.6		−		9.3	+	+	+
6	7.6		−		<3.3	−	−	−
7	6.6	3	+	10.2	7.1	+	+	+
8	6.6		−		5.3	−	−	+
9	7.6		+	10.2	5.4	+	+	+
10	7.4	5	+	9.8	6.9	+	+	+
11	7.4		+	9.6	4.9	+	+	+
12	7.4		+	10.5	8.4	+	+	+
13	7.6	7	+	10.4	8.7	+	+	+
14	7.9		+	9.7	7.6	+	+	+
15	7.9		+	9.8	8.9	+	+	+
16	7.9		+	9.8	7.3	+	+	+
17	7.9	13	+	9.1	8.8	+	+	+

[1]〜[4]：表V-1参照

膿瘍分離株）を用い、マウスはICR系、体重25〜35ｇの♂&♀の計15匹を使用した。剖検、菌培養などの検査日は同亜種の全培養菌接種のそれに合わせた。マウスの麻酔法および菌接種法は前項に準じた。

洗浄菌液はBPYブイヨン（Shinjo *et al.*, 1981）培養菌液を3回遠心（3,000 rpm、30分）沈殿して得た沈渣を生食水菌浮遊液として、10^5〜10^7／マウスの門脈内に接種した。病理学的検査は1, 2, 3, 5, 7および12日後に屠殺剖検し、肉眼的検査と組織学的検査を実施した。同時に肝臓の膿瘍部と肉眼的に著変を認めない肝組織は定量的に、脾臓、腎臓および肺は定性的に菌分離を行った。

結 果

症状および剖検所見

2日以降に体重が減少したマウスはあったが、概して臨床症状に乏しかった。肝膿瘍は接種2日目剖検例で1例中1例に、5日目で3例中1例に、7日目で4例中3例に形成された。12日目剖検の3例では膿瘍は認められなかった。全体では15例中5例に肝膿瘍が形成された（表V-5）。

組織所見

肝臓では接種3日目にジヌソイド内に、5日目以降はジヌソイド内、血管周囲や小葉間結合組織周囲にリンパ球とマクロファージを主体とする細胞浸潤が見られた。3日目の剖検で肉眼的に膿瘍非形成の肝臓に好中球の浸潤した小膿瘍が観察される例、膿瘍形成の7日目剖検で肝臓に壊死巣、好中球浸潤層、変性した肝細胞層が認められる例や膿瘍形成の7日目剖検例で膿瘍の

表V-5 *F. necrophorum* subsp *necrophorum*の洗浄菌液門脈内接種肝膿瘍形成試験

動物番号	接種菌数[1]	と殺後日数	肝膿瘍形成[2]	接種菌の分離成績				
				肝膿瘍[3]	肝臓[3]	脾臓[4]	腎臓[4]	肺[4]
1	6.0	1	−		6.3	+	+	+
2	6.0	1	−		9.4	+	+	−
3	6.0	2	+	8.5	6.2	+	−	−
4	6.0	3	−		4.9	+	+	+
5	6.0	3	−		<3.3	−	−	−
6	7.2	5	−		3.5	−	−	−
7	7.2	5	−		4.3	−	−	−
8	7.2	5	+	10.4	8.7	+	+	+
9	6.0	7	+	10.0	5.9	+	+	+
10	6.0	7	+	9.5	8.6	+	+	+
11	6.0	7	+	9.5	7.3	+	+	+
12	7.1	7	−		<3.3	−	−	−
13	5.3	12	−		<3.3	−	−	−
14	5.3	12	−		<3.3	−	−	−
15	5.3	12	−		<3.3	−	−	−

[1]〜[4]：表V-1参照

最外層に結合織の増生している像が観察される例などがあった。

　脾臓では多核巨細胞が多数観察された。腎臓ではリンパ球、単球、マクロファージ、プラズマ細胞の血管周囲性浸潤が認められた。肺では肺リンパ装置の活性が認められた。

細菌学的検査

　成績は表V-5に示す通りで、全ての肝膿瘍から$10^8 \sim 10^{10}$／gの菌が、膿瘍を形成している肝臓の肉眼的に正常な肝臓組織では全例から$10^5 \sim 10^8$／gで菌が回収された。また、膿瘍非形成の肝臓では10例中5例から、脾臓、腎臓および肺ではそれぞれ8例、7例および6例から菌が分離された。

（c）培養上清接種

　培養上清には培養菌の各種代謝産物が含まれる。培養上清をマウスに単独接種した際の肝臓への影響を調べた。

材料と方法

　供試菌株JCM3716（Fn43、肝膿瘍分離株）を同様に培養した菌液を遠心（3,000rpm、30分）し、得られた上清をさらに2回遠心洗浄した上清を無菌試験後門脈内に接種した。接種1日、3日および5日後に屠殺剖検した後、細菌学的および病理学的検査を実施した。

結　果

症状および剖検所見

　マウスの体重は接種3日後まで若干減少した。接種1日後と3日後のマウスの肝臓の内側右葉、方形葉の辺縁にごま粒大の白斑が認められた。接種5日後のマウスの体重は回復し、肝臓などの肉眼的所見に著変は認められなかった。

組織所見

　肝臓で接種1日後からクッパー細胞の活性化や肝細胞の核および細胞質の膨大がみられ、ヘマトキシリン・エオジン染色性に乏しかった。5日目では変性した肝細胞や核を消失した肝細胞がみられた。ジヌソイドは不明瞭であった。脾臓では多核巨細胞が出現した。腎臓と肺には著変が認められなかった。

細菌学的検査

　培養上清を接種したマウスからは菌は分離されなかった。

考　察

　F. necrophorum subsp. *necrophorum*の感染実験についてまとめて考察する。*F. necrophorum* subsp. *necrophorum*のBPYブイヨン（Shinjo *et al.*, 1981）全培養菌をマウス門脈内に接種して初めて肝膿瘍を形成させることができた。肝膿瘍は17例中11例に形成され、牛の肝膿瘍でみられるように尾状葉と外側右葉に好発し、組織学的にはジヌソイド内、静脈周囲や小葉間結合織周囲に細胞浸潤が認められた。また、接種菌は肝臓、脾臓、腎臓および肺から高率に回収された。

　F. necrophorum subsp. *necrophorum*の洗浄菌液のマウス門脈内接種により、15例中5例に肝膿瘍が形成された。前述した*F. necrophorum* subsp. *necrophorum*の全培養菌液接種では17例中11例に肝膿瘍が形成され、肝膿瘍形成率には両者間に有意差はなかった。しかし、全培養菌接種例では肝膿瘍を形成した11例のマウスでは脾臓、腎臓および肺からも全例から菌が回収され、洗浄菌接種マウスでは肝膿瘍形成したマウスの5例中4例から菌が回収された。肝膿瘍形成の有無に拘わらず肝臓、脾臓、腎臓および肺の4臓器から菌が回収されたのは全培養菌液接種マウスでは17例中15例、洗浄菌液接種マウスでは15例中6例であった。全培養菌液接種例と洗浄菌液接種例では肝膿瘍形成率には統計学的に有意差はなかったが、肝臓以外の臓器からの菌の

回収、組織の細胞浸潤の度合いには違いがみられた。

このことは、*F. necrophorum* subsp. *necrophorum*が組織内で増殖するためには培養上清に含まれる外毒素やLPSのような肝臓に障害を与える因子の重要性を示唆する結果であり、*F. necrophorum* subsp. *necrophorum*の培養上清をマウスの門脈内に接種したところ、組織学的に肝細胞質および核に著明な腫大が認められ、培養上清は肝臓に障害を与える肝細胞毒性を有した。

液体培地培養菌接種における*F. necrophorum* subsp. *necrophorum* および後述する*F. necrophorum* subsp. *funduliforme*の肝膿瘍形成率を比較すると前者が後者より有意に高く、また臓器定着性も前者が強かった。マウスの門脈内接種法がマウス肝膿瘍形成実験に利用できる事が証明され、マウスを用いた門脈内接種法は牛肝膿瘍発症メカニズムを解明するための良い実験方法だと考えられたので、以後の実験では本接種法を用いた。

2) *F. necrophorum* subsp. *funduliforme*接種実験
(a) 全培養菌液接種

次に、弱病原性の亜種である*F. necrophorum* subsp. *funduliforme*を同様にマウスの門脈内に接種して肝膿瘍の形成をみた。

材料と方法

接種菌株として*F. necrophorum* subsp. *funduliforme* JCM 3717（Fn 45、牛肝膿瘍分離株）を用いて、動物はICR系、体重25～35gのマウスを使用し、その他の術式は*F. necrophorum* subsp. *necrophorum*に準じた。

供試菌のBPYブイヨン（Shinjo *et al.*, 1981）全培養菌液（$2.0 \times 10^7 \sim 6.7 \times 10^7$/マウス）を20匹のマウスに接種して、接種1日、2日、3日、5日、6日、7日、8日、9日および13日後に屠殺剖検し、同様に病理学的および細菌学的検査を実施した。

結　果

症状および剖検所見

　症状は軽度で翌日から若干の体重減少はあったが、3日以降増加に向かった。剖検では肝臓に胡麻粒大から米粒大の白斑が存在したが、変化に乏しかった。肝膿瘍は20例中5例に形成されたのみで、特定の葉に好発することなく形成された。

　組織学的には接種3日後までは細胞浸潤はみられず、クッパー細胞や肝細胞の変性、5日以降はジヌソイド内、血管周囲性、小葉間結合織周囲性にリンパ球、マクロファージの浸潤がみられ、好中球のわずかな集蔟が観察された。脾臓には多核巨細胞が、腎臓には静脈周囲の間質にリンパ球、マクロファージ、プラズマ細胞の集蔟像が観察された。肺には著変は認められなかった。

　細菌学的検査は表V-6に示す通り、5例の肝膿瘍から10^7〜10^9／gの菌が回収された。膿瘍非形成の肝臓と膿瘍形成肝の正常部からは8日目まで10^2〜10^8／gで菌が回収されたが、それ以降は分離されなかった。脾臓、腎臓と肺では少数例で菌が回収された。

(b) 洗浄菌液接種

　F. necrophorum subsp. *funduliforme*の洗浄菌液をマウスの門脈内に接種して、肝膿瘍形成率などについて全培養菌接種マウスと比較した。

材料と方法

　菌株は*F. necrophorum* subsp. *funduliforme* JCM 3717（Fn45、肝膿瘍分離株）を、動物はICR系マウス、♂と♀（30g前後）を使用した。供試菌株のBPYブイヨン地培（Shinjo *et al.*, 1981）培養菌を生理食塩水で3回洗浄し、生理食塩水浮遊菌液として門脈内に接種（10^2-10^6／マウス）した。

　接種1日、2日、3日、5日、7日、10日、13日および15日後にと殺剖検し、主要臓器の肉眼的観察と組織学的検査を実施した。また、同日実施した細菌

表V-6 F. necrophorum subsp. funduliforme全培養菌の門脈内接種試験

動物番号	接種菌数[1]	接種後日数	肝膿瘍形成[2]	接種菌の分離成績			
				肝膿瘍部[3]	肝臓[3]	脾臓[4]	腎臓[4]	肺[4]
1	7.6	1	−		5.6	+	+	−
2	7.7		−		8.1	−	−	−
3	7.6	2	−		4.6	+	+	−
4	7.7		+	7.2	4.3	+	−	−
5	7.5		−		2.3	−	+	−
6	7.8	3	−		6.2	−	−	−
7	7.8		−		2.6	+	+	−
8	7.8	5	+	8.9	6.2	−	−	−
9	7.8		−		8.0	+	+	−
10	7.5	6	−		3.8	−	−	−
11	7.8	7	+	9.3	4.7	+	+	+
12	7.8		−		6.2	−	−	−
13	7.3		−		6.1	−	−	−
14	7.5	8	−		6.5	−	−	−
15	7.3		−		5.6	−	+	−
16	7.6	9	+	8.3	<2.3	−	−	−
17	7.6		−		<2.3	−	−	−
18	7.6		−		<2.3	−	−	−
19	7.6	13	−		<2.3	−	−	−
20	7.6		+	8.5	<2.3	−	−	−

[1]~[4]：表V-1参照

検査では、肝臓は膿瘍部と肉眼的に著変の認められない部位は定量的に、脾臓、腎臓および肺は定性的に菌の分離を行った。

結果

症状および剖検所見

　菌接種翌日から皮毛粗剛と体重減少があり、3日間続いた。また、肝臓に浸潤性の壊死巣が接種後1日から3日にかけてみられた。接種後2日後に肝臓に膿瘍を形成するマウスが現れ、肝膿瘍は接種後5日、7日と10日のマウスにも認められた。接種後5日以降の皮毛は光沢となり、体重減少もなかった。

組織学的検査

接種1日後からクッパー細胞の活性化が、2日後には肝臓中心静脈のうっ血、3日後には肝細胞質の変性、核の崩壊、消失があり、細胞間の境界は不明瞭であった。これらの所見は5日後以降も認められた。

脾臓、腎臓および肺の組織所見では、脾臓は全例に巨細胞の増加が認められたが、腎臓と肺は全例に著変は認められなかった。

細菌学的検査

肝膿瘍部からは10^5〜10^8/gの菌が、肉眼的に正常な肝臓でも接種2日後まで全例から10^4〜10^7/gの菌が回収された。接種3日後以降は3日と7日の各1例を除き、$2.0×10^2$/g以下であった。肝臓以外の臓器では、脾臓の1例から分離された以外は、他は全て菌培養陰性であった（表V-7）。

表V-7 *F. necrophorum* subsp. *funduliforme*の洗浄菌門脈内接種による肝膿瘍形成試験

動物番号	接種菌数[1]	と殺後日数	肝膿瘍形成[2]	接種菌の分離成績				
				肝膿瘍[3]	肝臓[3]	腎臓[4]	脾臓[4]	肺[4]
1	2.0	1	−		6.4	−	−	−
2	2.0		−		7.2	+	−	−
3	4.7	2	−		6.1	−	−	−
4	4.1		+	7.3	4.6	−	−	−
5	4.1		+	7.8	6.0	−	−	−
6	2.0	3	−		<2.3	−	−	−
7	4.1		−		3.6	−	−	−
8	3.3	5	−		<2.3	−	−	−
9	3.3		−		<2.3	−	−	−
10	4.1		+	5.8	<2.3	−	−	−
11	6.9	7	+	8.1	<2.3	−	−	−
12	6.9		−		6.5	−	−	−
13	6.9		−		<2.3	−	−	−
14	4.7	10	+	7.6	<2.3	−	−	−
15	4.7		−		<2.3	−	−	−
16	3.3	13	−		<2.3	−	−	−
17	5.2	15	+	6.0	<2.3	−	+	−

[1]〜[4]: 表V-1参照

(c) 培養上清接種

 既述の通り強病原性の亜種である*F. necrophorum* subsp. *necrophorum*の培養上清をマウスに接種すると組織学的に肝細胞の変性壊死が観察された。同様に弱病原性の亜種である*F. necrophorum* subsp. *funduliforme*の培養上清をマウスの門脈内に接種して肝臓への影響を調べた。

材料と方法

 菌株は*F. necrophorum* subsp. *funduliforme* JCM 3717（Fn 45、肝膿瘍分離株）を使用し、マウスはICR系、♂と♀（30 g前後）を使用した。培養上清の調製、病理学的、細菌学的検査などは前項の方法に準じた。

結果

症状および剖検所見

 接種1日後にマウスの体重が若干減少したほかは、接種1日後、3日後および5日後の全てのマウスに著変は認められなかった。

組織学的検査

 肝臓における組織所見は接種1日後に中心静脈と小葉間静脈周囲の肝細胞に軽度の変性が認められ、3日後には中心静脈周囲の肝細胞に変性、細胞質の膨化や中心静脈のうっ血、あるいは広汎にわたる肝細胞の変性と空胞化、核の崩壊や消失するものもあり、クッパー細胞の活性化が認められた。5日後には広汎にわたる肝細胞の変性、核の崩壊、消失およびクッパー細胞の活性化が認められた

 脾臓における所見は実験期間を通じて巨細胞が増加した。腎臓では、接種1日後には著変がなく、3日後に尿細管上皮が脱落した軽度のネフローゼが、5日後に軽度のうっ血とネフローゼが認められた。肺では接種1日後と3日後には著変はなかったが、5日後に軽度の充血が認められた。

細菌学的検査結果

全例において肝臓その他の主要臓器から菌は分離されなかった。

考　察

F. necrophorum subsp. funduliformeの接種実験について纏めて考察する。F. necrophorum subsp. funduliforme液体培地全培養菌液を接種したマウスでは20例中5例に、洗浄菌を接種したマウスでは17例中6例に肝膿瘍が形成され、両者間に肝膿瘍形成率に有意差はなかった。

全ての膿瘍から接種菌が分離されたが、分離菌数は全培養菌接種マウスの膿瘍で$10^7 \sim 10^9$/g、洗浄菌接種マウスの膿瘍から$10^5 \sim 10^8$/gで、前者が高い菌数を示した。また、膿瘍形成の有無にかかわらず、膿瘍が形成されていない肝臓では、全培養菌接種マウスが20例中15例から$10^2 \sim 10^8$/gの菌数で、洗浄菌接種例が17例中7例から$10^3 \sim 10^7$/gの菌数で菌が分離された。定性的に分離培養した脾臓、腎臓および肺における接種菌の分離数は、全培養菌接種例でそれぞれ、6例、7例および1例で、洗浄菌接種例では脾臓および腎臓の各1例から分離されたが、肺からは分離されなかった。

JCM 3717（Fn 45、肝膿瘍分離株）の培養上清を門脈内に接種して、接種後1日から5日後まで観察した結果、肝臓は肉眼的には著変は認めなかったが、組織学的には中心静脈周囲の肝細胞に変性が認められ、腎臓には軽度のネフローゼが認められた。

今回の実験結果は先に述べたF. necrophorum subsp. necrophorum JCM 3716（Fn 43、肝膿瘍分離株）の培養上清接種実験の成績とほぼ同様の所見が得られ、肝細胞に与える影響は両亜種間に大差はないと考えられた。この所見は菌体外毒素によるというより共通に産生される低級脂肪酸、特に酪酸やプロピオン酸によるものかも知れない。

3) *F. necrophorum* subsp. *necrophorum*の接種菌数と膿瘍形成の関係

肝膿瘍の形成過程としてRumenitis-liver abscess complexとして理解され

ている（Jensen et al., 1954b）。つまりルーメン病変を前提として病変部で増殖した原因菌が門脈経由で肝臓に達し膿瘍が形成されるという考えである。マウスや牛を用いた原因菌の門脈接種実験では10^7／ml以上の生菌が必要であることが分かっている。しかし、菌の侵入前に肝臓内に嫌気性菌である*F. necrophorum* subsp. *necrophorum*が定着増殖するのに十分な環境が整えられている場合には10^7／ml以下の生菌数でも菌は増殖して膿瘍を形成することが可能であるとの仮説を立て、そのための基礎実験として接種菌数と肝膿瘍形成の関係を試験した。つまり、肝臓に障害を与えた場合、正常な肝臓では膿瘍を形成し得ない低菌数で肝膿瘍が形成されるか調べるための基礎資料を得るためである。

F. necrophorum subsp. *necrophorum*のマウス肝膿瘍形成と菌数の関係を検討する際、その前提として正確な生菌数の菌液を得る必要がある。接種実験に先立ち、嫌気性菌である原因菌の空気中での洗浄、希釈および接種の過程で生菌数の減少を来さない方法を検討した。O_2不含CO_2を噴射しながら低温下で嫌気状態を保ちながら菌液を操作することによって目的を達成することができた。この手技により実験に用いる目的の生菌数を調整することが可能となった。本項では接種生菌数を整え、生菌数と肝膿瘍形成との関係を試験した。本試験は次項に述べるマウスの条件を変えることによって通常では肝膿瘍を形成しない生菌数でも膿瘍が形成されるかどうかを試験するための基礎実験ともなる。

材料と方法

菌株は*F. necrophorum* subsp. *necrophorum* JCM 3716（Fn 43、牛肝膿瘍分離株）を、動物はICR系マウスの体重25〜36 g雄を使用した。

接種菌液の調製はBPYブイヨン培地（Shinjo et al., 1981）で37℃、24時間培養後、予めO_2不含CO_2を充満し、ブチルゴム栓で密栓した試験管に移し、3,000rpm、20分間遠心した。その沈渣を煮沸急冷PBSで2回洗浄してPBS菌浮遊液とし、さらに煮沸急冷PBSで10倍段階希釈行った。その際、予めPBS

を分注した試験管の気相にO_2不含CO_2を噴射してブチルゴム栓で密栓したものを用いた。調整後は菌液を氷水中に静置し、各マウス接種菌液とも接種前後の生菌数を算定した。接種方法は生菌数を$10^1 \sim 10^7$/mlに調整した菌液0.05mlを門脈内に接種して接種7日後に屠殺、剖検し、肉眼的に病変を観察した後、肝膿瘍部、肝臓、脾臓、腎臓および肺から定性的に接種菌を回収した。

結 果
剖検所見
膿瘍を形成していないマウスの肝臓は肉眼的に著変を認められなかった。肝膿瘍形成マウス全例に脾腫が認められた。

細菌学的検査
接種生菌数と肝膿瘍形成率の関係を表V-8に示した。$10^1 \sim 10^3$/マウスでは膿瘍が形成されず、10^4/マウスで初めて6例中1例に肝膿瘍が形成された。10^5/マウスで5例中2例に、10^6/マウスでは5例中1例に肝膿瘍が形成された。10^7/マウスでは5例中全例に肝膿瘍が形成され、膿瘍形成葉数および膿瘍数も多かった。肝膿瘍を形成した9例のマウスのなかの7例から膿瘍部と非膿瘍部組織から接種菌が純培養状に分離された。脾臓、腎臓および肺からの菌の分離は高率であった。

表V-8 *F. necrophorum* subsp. *necrophorum*の接種菌数と肝膿瘍形成率

接種菌数[1]	使用マウス数	肝膿瘍形成マウス数	肝膿瘍形成率(%)
0.6	5	0	0.0
2.8	4	0	0.0
3.8	5	0	0.0
4.5	6	1	16.7
5.3	5	2	40.0
6.6	5	1	20.0
7.5	5	5	100

[1]:表V-1参照

考 察

 菌の洗浄や希釈などを厳密な嫌気的条件下で実施することによって目的の生菌数を得ることができた。生菌数お10^7／マウスの接種では全例に肝膿瘍が形成され、生菌数10^3／マウス以下では肝膿瘍は形成されなかった。したがって、肝膿瘍を形成させる必要がある実験では10^7／マウスの菌数を用いるのが適当であり、またマウスの状態を変えることによって通常では膿瘍を形成しない菌数接種でも膿瘍が形成されるかどうかを調べる際は、10^4／マウス程度の生菌数を用いて膿瘍形成の条件を探ることができると考えた。

4）寒天添加の肝膿瘍形成への影響
(a) 寒天濃度と肝膿瘍形成率の関係

 牛の肝膿瘍は第一胃内に生息する*F. necrophorum* subsp. *necrophorum*が門脈経路で肝臓に達し膿瘍を形成すると考えられ、本菌が主原因菌とされている。牛やマウスの門脈接種による*F. necrophorum* subsp. *necrophorum*の感染実験によって肝膿瘍が再現されている。マウスや牛における感染実験では高菌数の生菌接種が必要で、第一胃内の実生菌数を必ずしも反映させた実験ではないと考えられる。実際は感染実験の菌数よりさらに低菌数の*F. necrophorum* subsp. *necrophorum*が肝臓に運ばれていると推測されるが、それでも野外では肝膿瘍牛が発生している。それは肝臓内への原因菌の侵入と同時に肝臓内に原因菌の増殖を可能にする条件が整えられている場合に膿瘍が形成されるのではないかとの仮説を証明するため、寒天粒子を用いて肝臓内に栓塞による壊死巣を形成させて、嫌気性菌の増殖に必要な微的嫌気的環境を作り出し、同時に*F. necrophorum* subsp. *necrophorum*の低生菌数を接種して肝膿瘍が形成されるかどうかを試験した。

材料と方法

菌株はF. necrophorum subsp. necrophorum JCM 3716（Fn 43、牛肝膿瘍分離株）を、動物はICR系マウスの雄、体重25～36ｇ、接種群は１群６匹とし、各寒天濃度で２群を使用した。対照群は１群を４匹とした。

接種菌液の調整は前項に準じ、門脈内に10^4～10^5／マウスの生菌数を接種した。菌液に添加する寒天（Difco, Detroit, U.S.A.）は最終濃度が0.01％、0.05％および0.20％になるようにした。寒天無添加の対照を0.00％添加群とした。

接種７日後に屠殺、剖検し、肉眼的に病変を観察した後、肝膿瘍部、肝臓、腎臓および肺から接種菌を回収した。対照群は接種後２日および４日に各２匹屠殺、剖検し、肉眼的に病変を観察した。

組織学的検査は各寒天濃度の接種群の１群の肝臓、脾臓、腎臓および肺を細菌学的検査後直ちに10％ホルマリンで固定し、パラフィン包埋、薄切標本をヘマトキシリンエオジン染色し、また必要に応じてアザン染色、グラム染色も行い観察した。対照群は肝臓のみを同様に観察した。

結　果

剖検所見

肝膿瘍形成をみると、寒天無添加群では12例全例に肝膿瘍は形成されなかったが、0.01％添加群は11例中２例、0.05％添加群は11例中８例、0.20％添加群は12例中10例に形成され、寒天濃度の増加に伴って肝膿瘍形成率は上昇した。0.2％寒天添加群は無添加群および0.01％添加群に比べ１％以下の確率で有意に膿瘍形成率の上昇が認められた。また、0.05％寒天添加群は無添加群に対して１％以下、0.01％添加群に比べて５％以下の確率で有意に膿瘍形成率の上昇が認められた（表Ⅴ-9）。

肝臓の病変は寒天濃度の増加に伴って肝膿瘍の大きさがより大きくなり、膿瘍数も増加する傾向が見られた。肝膿瘍を形成したマウスの脾臓は全例で３～５倍に腫大し、混濁感のある褐色を呈して脆弱であった。

また表示していないが、0.20％に寒天を加えて接種した対照群では全葉に

表V-9 寒天添加による肝膿瘍形成への影響

寒天濃度 (％)	接種 菌数[1]	動物数	肝膿瘍 形成数	肝膿瘍 形成率 (％)	接種菌回収例数				
					肝膿瘍 (定量的)[2]	肝臓 (定量的)[2]	脾臓 (定性的)	腎臓 (定性的)	肺 (定性的)
0.00	4.5	12	0	0	0	0	0	0	0
0.01	4.5-5.0	11	2	18.2	2 (7.5-9.7)	2 (5.2-5.3)	2	2	1
0.05	4.5	12	8	66.7	8 (7.7-9.8)	8 (3.7-7.7)	4	5	4
0.20	4.0-4.8	12	10	83.3	10 (8.2-9.9)	10 (2.3-7.1)	2	2	1

[1]: 表V-1参照
[2]: カッコ内の数字は回収された菌数の対数値

退色した変性部が散在した。0.05％寒天添加群でも、同様の変性がやや軽度ながら数葉にわたって認められた。これらの変性は接種4日目が2日目より軽度であった。

組織学的検査

　マウスに形成された肝膿瘍は、牛と同様に四層構造を呈し、膿瘍中心部は無構造で、それを取り囲む好中球を主とした白血球層があり、マクロファージやプラズマ細胞も含まれた。その外層は変性した肝細胞層で、最外層は結合組織が膿瘍膜を形成した。膿瘍中心部のみに細菌が観察された。

　0.20％および0.05％の寒天添加群のマウスの肝臓には小細胞浸潤巣とエオジンに濃染する変性肝細胞（凝固壊死）が散在した。変性肝細胞は核濃縮がみられた。0.01％寒天添加群と寒天無添加群の肝臓では、エオジンに濃染する肝細胞の変性と造血細胞が若干みられたのみで他に著変は認められなかった。

細菌学的検査

　形成されたすべての肝膿瘍から3.4×10^7〜7.6×10^9/gの接種菌が、また非膿瘍部の肝臓組織から10^2〜10^7/gの接種菌が純培養状に分離された。肝膿瘍非形成マウスの肝臓からは接種菌は回収されなかった。脾臓、腎臓、肺から接種菌が回収されたのは肝膿瘍を形成したマウスに限られた（表V-9）。

考　察

　Jensen et al.（1954a），Scanlann and Berg（1982）およびTakeuchi et al.（1984）は牛を用いたF. necrophorumの感染実験に成功している。肝膿瘍は牛第一胃内に生息する原因菌であるF. necrophorumが第一胃粘膜の病変部より門脈経路で肝臓に達し、増殖して形成されると考えられている。牛肝膿瘍から分離されるF. necrophorumは圧倒的にF. necrophorum subsp. necrophorumが優勢であるのに対し、第一胃内ではF. necrophorum subsp. funduliformeが優勢である。第一胃内における同亜種の病変部における菌数は、ルーメンパラケトージスで10^4〜10^6/g、第一胃炎で10^3〜10^7/gである（Kanoe et al., 1978）。これらの菌数から判断すると、常に高い菌数の状態で原因菌が第一胃から門脈内に侵入する機会は少ないと推測され、多くの場合少ない菌数で肝臓に到達する状態が多いのではないかと推測される。少ない菌数でも原因菌の増殖可能な場が提供されれば、肝膿瘍が形成されるのではないかとの仮説のもとに、寒天濃度を種々変えて原因菌を10^4/マウスの低い菌数でマウスの門脈内に接種した。

　マウスには肝膿瘍形成可能な下限と考えられる10^4レベル／マウスの菌を接種し、菌接種後7日目にと殺剖検し、肝膿瘍形成の有無と菌の回収を実施した今回の実験において、接種菌液に寒天を添加することによって、洗浄菌液のみでは肝膿瘍形成困難な10^4／マウス程度の菌数で高い肝膿瘍形成率を得ることが出来た。これはジヌソイド内の菌の定着が寒天の添加により容易になったことや寒天が直接肝臓に物理的な障害を与え、障害を受けた肝細胞の抵抗力の低下も膿瘍形成につながったと考えられる。感染が成立するため

には、感染菌が標的細胞に付着し、集落を形成することが必要である。付着能については、*F. necrophorum* subsp. *necrophorum*が強く、*F. necrophorum* subsp. *funduliforme*は弱いことが報告されており（Shinjo *et al.*, 1988）、この付着能の違いが亜種間の病原性の差異の原因かもしれないと考えた。肝膿瘍の形成においても*F. necrophorum* subsp. *necrophorum*のジヌソイド内での定着が第一段階と考えられ、これを助ける要因が存在すれば、肝膿瘍の形成率は当然高くなるものと考えられる。付着に次ぐ増殖に関しては、今回の実験で組織学的に観察されたように寒天の栓塞によって初期病変としての微細な壊死が形成され、嫌気性菌の増殖に必要な酸化還元電位の低い微的環境が整えられたためと考えられた。

　通常、牛において高い菌数の状態で本菌が肝臓に到達する機会はそう多くはないと考える。本菌の肝臓到達を必要条件とすれば、肝臓における嫌気性菌の増殖可能な場の存在、あるいは増殖可能な条件の存在などの誘因の存在などの肝臓側の要因を十分条件と考えることができ、原因菌の肝臓への侵入（必要条件）と肝臓内の原因菌の増殖可能な場の存在（十分条件）の2つの条件が満たされた場合、低菌数でも肝膿瘍が形成される場合もあり得ると結論するに至った。そのような条件が揃った時、高率に肝膿瘍が発生すると考えられる。牛肝膿瘍の自然発生例では、むしろこの機構で膿瘍が形成されるのではないかと推測した。

(b) 寒天添加菌液の接種による肝膿瘍形成の経時的観察

　肝膿瘍の発症には肝臓への原因菌の侵入と侵入菌の増殖の場となる低酸化還元状態部位の存在の2条件が必要との仮説を立て、それを実証するための実験として0.05％寒天を接種菌に添加してマウスに接種し、寒天による物理的栓塞による肝臓組織の壊死が菌の増殖、感染成立にどうかかわっているかを接種後12時間から経時的に病理学的および細菌学的検査を行って調べた。

材料と方法

菌株はF. necrophorum subsp. necrophorum JCM 3716 (Fn 43、牛肝膿瘍分離株) を、動物はICR系マウス、30g前後の♂および♀を使用した。

BPYブイヨン (Shinjo et al., 1981) で37℃24時間培養菌を生理食塩水で2回洗浄して0.05％寒天加生理食塩水菌浮遊液として門脈内に0.05ml (10^4〜10^7／マウス) を接種した。対照マウスには0.05％寒天加生理食塩水0.05mlのみを同様に接種した。

病理学的検査は菌接種群では接種6時間 (2匹)、12時間 (2匹)、24時間 (2匹) 36時間 (2匹) および48時間後 (1匹) に、対照群は各時間群2匹について接種24時間、36時間および48時間後に実施した。細菌学的検査は肝膿瘍部と肉眼的に著変を認めない肝臓部は定量的に、脾臓、腎臓および肺は定性的に菌分離を行った。

結　果

症状、剖検所見および組織所見

寒天添加菌液接種群では接種6時間後のマウスは2匹ともに被毛粗剛で、剖検では外側・内側右葉、外側・内側左葉および尾状葉に浸潤性の壊死巣を認め、特に尾状葉と外側右葉で激しかった。12時間、24時間、36時間および48時間後も同様に被毛粗剛、外側、内側右葉、内側左葉、尾状葉などに浸潤性の壊死巣があった。

組織学的には6時間後にジヌソイド内に好中球の浸潤巣が認められ、クッパー細胞の活性化が見られた。接種12時間後には肝細胞の細胞質内に軽度の変性がみられ、包膜下に肝細胞の壊死巣が認められた。壊死巣には好中球の著名な浸潤は認められず、ジヌソイド内に好中球の浸潤巣がみとめられ、クッパー細胞の活性化が見られた。

36時間後、中心静脈周囲の肝細胞の細胞質は変性し、核は破壊、消失して、細胞間の境界は不明瞭であった。また、包膜下、実質内に肝細胞の壊死巣が認められた。壊死部周囲の肝細胞の核は残存したが、中心部は好中球の著名

な浸潤および菌塊が認められた。ジヌソイドは拡張し、クッパー細胞の活性化が認められた。

48時間後、組織学的には肝細胞の細胞質は変性し、核の破壊、消失があり、細胞間の境界は不明瞭であった。包膜下には肝細胞の壊死巣があり、細胞質はエオジンに濃染したが、核が残存するものもあった。

細菌学的検査

寒天添加菌液接種群では供試した9匹のマウスのすべてに肝臓に浸潤性壊死がみとめられ、全ての壊死部から10^5〜10^9/gの菌数で菌が回収された。壊死部以外の肝臓では7例から10^4〜10^8/gで菌が分離されたが、2例では10^3〜10^5/g以下の菌数であった。脾臓および腎臓においては36時間および48時間後に剖検したマウスの2例から菌が分離されたが、肺からは分離されなかった（表V-10）。

表V-10 0.05%寒天添加 *F. necrophorum* subsp. *necrophorum* の洗浄菌液接種実験

マウス番号	接種菌数[1]	と殺接種後時間	浸潤性壊死形成[2]	接種菌の回収 肝壊死部[3]	肝臓[3]	脾臓[4]	腎臓[4]	肺[4]
1	4.6	6	+	5.8	<3.3	−	−	−
2	4.6	6	+	6.1	5.9	−	−	−
3	4.6	12	+	8.1	<5.3	−	−	−
4	4.6	12	+	6.7	6.2	−	−	−
5	7.8	24	+	+	8.1	−	−	−
6	7.1	24	+	8.9	4.3	−	−	−
7	7.1	36	+	8.6	5.0	+	+	−
8	7.1	36	+	+	7.8	−	−	−
9	4.6	48	+	9.2	7.9	+	+	−

[1]〜[4]：表V-1参照

考　察

菌液と同時に門脈内に0.05%の寒天を含む液を接種すると接種6時間後には肝臓に浸潤性の壊死が認められた。また、肝臓に栓塞壊死を起こさせるこ

とにより、F. necrophorum subsp. necrophorumの感染病巣は急速に進展した。F. necrophorum subsp. necrophorumは壊死部の全例から分離され、また肉眼的に著変の認められない肝臓部からも菌が回収された。寒天粒子による肝細胞の栓塞性壊死は嫌気性であるF. necrophorum subsp. necrophorumに好適な増殖の場を提供したと考えられる。顕微鏡所見でも栓塞によって生じた壊死部には菌の集塊が認められ、組織学的にも壊死部が本菌の増殖の場であることが証明された。牛においては少ない菌数の原因菌が肝臓に到達していると考えられることから、肝膿瘍の形成には原因菌の肝臓への侵入（必要条件）と原因菌の増殖の場の存在（十分条件）の二つの条件が整って膿瘍が形成されるとする仮説が証明されたと考える。

本章Ⅲ-1)-(b)に記述したF. necrophorum subsp. necrophorum洗浄菌液接種実験での肝膿瘍発症率と今回の実験による肝膿瘍発症率をX^2検定すると、1％以下の危険率で有意差が認められた。すなわち、寒天添加による肝膿瘍用発生率は有意に上昇したということになる。

5) CCl₄前処理マウスにおけるF. necrophorum subsp. necrophorum接種による肝膿瘍形成

Jensen et al.（1954b）はF. necrophorumが損傷を受けた第一胃粘膜を通過して門脈経由で肝臓に達し、膿瘍を形成するとした。マウスを使った感染実験で寒天により肝臓に栓塞を生じさせると低菌数のF. necrophorum subsp. necrophorum接種で肝膿瘍が形成されることはすでに述べた。

Rowland（1970）は肝臓におけるビタミンAの低下が門脈経由で侵入して来たF. necrophorumの増殖性を高めるのではないかと報告している。本項では肝障害作用を有するCCl₄を前もって投与したマウスにF. necrophorum subsp. necrophorumを接種して肝臓障害が肝膿瘍形成に与える影響を調べた。

材料と方法

菌株はF. necrophorum subsp. necrophorum JCM 3716（Fn 43、牛肝膿瘍分

離株）を使用した。動物はICR系マウスの♂および♀の体重25～35ｇのものを用い、CCl_4を皮下に0.05ml接種して2日後に洗浄菌液を門脈内に接種（10^5～10^7／マウス）した。

病理学的および細菌学的検査は菌接種1日、2日、3日、4日、5日、7日、9日および11日後に各2匹屠殺剖検して実施した。CCl_4接種のみを接種した対照マウスは1日および3日後に諸検査を行った。

結　果
症状、剖検所見および組織所見

　菌接種1日後には2匹とも若干の体重減少と弱い元気消失があり、肝臓の退色が見られた。接種2日後には1例は著名な体重減少、肝臓の内側左葉の横隔膜面、尾状葉の臓側面に粟粒大から米粒大の膿瘍形成が見られたが、他の1例は著変はなかった。接種3日後には1例は肝臓が外側右葉の臓側面側に折れ曲がって同一葉同士が癒着し、壊死膿瘍が認められた。他の1例は著変なしであった。接種4日後には体重減少と内側左葉肝膿瘍形成、左葉は大網と腸管膜との癒着があり、5日後には体重減少と外側右葉、内側左葉、外側左葉に肝膿瘍形成があった。7日後には膿瘍形成があり、外側右葉全体が融解壊死した状態であった。9日後には外側右葉、尾状葉に膿瘍が形成され、右腎は腎圧痕における癒着が激しかった。11日後には体重減少と肝膿瘍形成があった。

　以上をまとめると肝臓では菌接種2日目から膿瘍形成がみられ、7日目以降には全例に形成され、全体では16例中11例の肝臓に膿瘍が形成された。7日目以降は著名な脾腫が認められた。

　組織学的には肝臓では接種1日後からジヌソイド内、血管周囲と小葉間結合織にリンパ球、マクロファージ、好中球の浸潤、静脈周囲の肝細胞の変性、クッパー細胞の活性化が見られた。静脈周囲にエオジン好染の変性した肝細胞が見られた。5日後には中心静脈周囲、ジヌソイド内にリンパ球、マクロファージの浸潤とクッパー細胞の活性化が見られた。7日後には中心静脈周

囲の細胞浸潤、出血と多核巨細胞の出現があり、11日後には静脈周囲、ジヌソイド内の細胞浸潤と変性した肝細胞を認めた。脾臓では接種翌日から著名な脾腫と多核巨細胞数の増加があった。腎臓および肺には実験期間中著変は認められなかった。

CCl_4のみを接種したマウスは接種1日後および3日後にやや元気なく、肝臓は退色して淡褐色を呈し、小葉間が明瞭であった。組織学的には接種1日後にはエオジン好染の変性壊死した肝細胞が中心静脈周囲にみられたが、3日後には全体的にエオジン淡染でやや修復された像が観察された。

細菌学的検査

肝膿瘍部からは$10^8 \sim 10^9$/gの菌数で、肉眼的に正常な肝臓からは$10^2 \sim 10^9$/gの菌数で接種菌が回収された。また、脾臓（16例）、腎臓（15例）および肺（14例）においても高率に菌が回収された（表V-11）。

考 察

今回の実験で肝臓側の条件の変化が肝膿瘍形成にどのように影響するかを調べるため肝臓毒であるCCl_4を投与したマウスに F. necrophorum subsp. necrophorumの洗浄菌液を接種して肝膿瘍の形成状態を観察した。すでに本章Ⅲ-1)-(b)で述べたように、F. necrophorum subsp necrophorumの洗浄菌液を無処置のマウスに接種した実験では、15例中5例に肝膿瘍が形成され、肝臓、脾臓、腎臓や肺からの菌の回収はばらつきがあった。本実験の結果は16例中11例に肝膿瘍が形成され、無処置のマウスに比べて肝膿瘍形成率が有意に上昇した。また、肝臓、脾臓、腎臓と肺からも菌が高率に回収された。これらの結果から、肝膿瘍形成には肝臓の状態も一要因として重要であることが強く示唆された。

CCl_4の肝臓毒性には、中心静脈周辺の肝細胞の壊死と白血球の浸潤（増田、2006）、CCl_4の刺激によりマクロファージから産生された好中球化学誘導物質による好中球浸潤がもたらす肝臓障害（Edwards *et al.*, 1993）、肝臓

表V-11 CCl₄前処置マウスにおける*F. necrophorum* subsp. *necrhoporum* 洗浄菌液接種による肝膿瘍形成実験

マウス番号	接種菌数[1]	接種後日数	肝膿瘍形成[2]	接種菌の回収				
				肝膿瘍部[3]	肝臓[3]	脾臓[4]	腎臓[4]	肺[4]
1	7.9	1	−		8.1	+	+	+
2	7.9		−		4.0	+	+	−
3	7.6	2	+	9.2	2.3	+	+	+
4	5.3		−		7.3	+	+	+
5	6.8	3	+	8.0	8.9	+	+	+
6	6.8		−		6.5	+	+	+
7	7.6	4	+	9.7	6.3	+	+	+
8	3.5		+	nt[5]	6.5	+	+	+
9	6.4	5	+	9.8	9.4	+	+	+
10	6.4		−		<2.3	+	−	−
11	6.7	7	+	9.0	6.3	+	+	+
12	6.7		+	9.1	6.0	+	+	+
13	6.4	9	+	8.8	5.2	+	+	+
14	6.6		+	9.0	7.3	+	+	+
15	6.0	11	+	9.4	6.9	+	+	+
16	5.1		+	8.1	5.7	+	+	+

[1]〜[4]：表V-1参照
[5]：試験せず

のアポトーシス形成（Shi *et al.*, 1998；Boll *et al.*, 2001）、CCl₄の毒性と同時にクッパー細胞から放出されるTNF-αによる急性肝細胞障害作用（Czaja *et al.*, 1989；Morio *et al.*, 2001；Kiso *et al.*, 2012）があり、またRowland（1970）は肝臓のビタミンA低下が門脈経由で侵入して来た*F. necrophorum*の増殖を高めるのではないかとしている。今回の場合もCCl₄の持つ障害作用による肝機能の低下も膿瘍形成の誘因と考えられた。

　今回の実験を通じて肝臓の尾状葉と右様に膿瘍の発生が多かったこと、また牛の肝膿瘍も尾状葉に多く形成されることから肝臓の血管走行とも関係があるように思われる。

6) *F. necrophorum* subsp. *necrophorum* LPSのマウス肝臓毒性および同LPS前処理マウスへの同亜種洗浄菌液の接種

グラム陰性菌は細胞壁成分としてリポ多糖（LPS）を有している。LPSは外膜成分としての機能の外に菌体内毒素の主成分として多彩な生物活性を持っている。*F. necrophorum*の細胞壁にも他のグラム陰性菌と物理化学的および生物学的に類似した性状の活性LPSを有することが明らかにされた（Garcia *et al.*, 1975；Hofstad and Kristofferson, 1971；Inoue *et al.*, 1985）。Inoue *et al.*（1985）は病原性の異なる*F. necrophorum*の2亜種のLPSの家兎に対する発熱作用、局所シュワルツマン反応、10日齢孵化鶏卵出血致死作用、マウス結節ガン出血壊死作用を比較して*F. necrophorum* subsp. *necrophorum*が*F. necrophorum* subsp. *funduliforme*より強いと報告している。

本菌のLPSは牛血小板凝固能を有している（Hirose *et al.*, 1992）。LPSの血液凝固系への作用と微小循環の障害作用は該部に壊死巣を生み出し、嫌気性菌の増殖を可能にする点で嫌気性菌感染症と深い関係がある推測される。本項では*F. necrophorum* subsp. *necrophorum*のLPSを精製して尾静脈接種による肝臓への影響を調べ、さらに同様にLPS前処置したマウスに*F. necrophorum* subsp. *necrophorum*の洗浄菌を門脈内に接種して、肝膿瘍形成におよぼすLPSの影響を調べた。

材料と方法

菌株として*F. necrophorum* subsp. *necrophorum* JCM 3716（Fn 43、肝膿瘍分離株）を用い、LPSの抽出はWestphal hot-phenol-water法（Westphal and Jann, 1965）を修正した田邊ら（1978）の方法に従った。LPSの証明はカブトガニ血球成分ゲル化反応によった。

F. necrophorum subsp. *necrophorum* LPSのマウスへの接種はLPSを生理食塩水で溶解し、100μg／マウス量を2匹のICR系マウス、♂（30g前後）の尾静脈内に接種した。接種後24時間後にと殺剖検し、肝臓、脾臓、腎臓および肺の細菌培養と組織学的検査を実施した。

LPS前処理マウスへの菌接種はLPSを尾静脈に接種（100μg／マウス）24時間後のマウスに*F. necrophorum* subsp. *necrophorum* JCM 3716（Fn 43、牛肝膿瘍分離株）の洗浄菌液を門脈内（10^4～10^7／マウス）に接種した。病理学的検査は菌接種1、2、3、5および7日後に各2匹屠殺剖検し、肝膿瘍形成の有無などを検査した。細菌学的検査は肝膿瘍部、肉眼的に著変を認めない肝臓組織を定量的に、脾臓、腎臓および肺は定性的に菌を回収した。

結　果
症状、剖検所見および組織学的検査
　LPS接種マウスは2匹とも同様の所見で、被毛粗剛で体重減少、元気消失、眼球の陥凹、流涙および眼賦の付着が認められた。症状は*F. necrophorum* subsp. *necrophorum*生菌の門脈内接種による重度の肝膿瘍形成マウスのそれに酷似した。肝臓はやや脆弱で煮肉色を呈し、小葉構造はやや明瞭であった。その他の臓器には著変は認められなかった。

　LPSおよび生菌を接種したマウスの症状および剖検所見は接種1日後では被毛粗剛、元気消失、眼球の陥凹があり、肝臓に粟粒大の膿瘍と壊死が認められた。接種2日後では被毛はやや粗剛で眼球の陥凹があり、肝臓に粟粒大の膿瘍と壊死が認められた。接種3日後では被毛はやや粗剛で元気なく、眼球が陥凹し、肝臓に粟粒大から小豆大の膿瘍が形成され、脾腫が認められた。接種5日後では被毛粗剛であるが、全身状態は良好であった。肝臓は全体的に脆弱で血量に乏しく、腹膜と癒着した粟粒大の膿瘍が形成され、著明な脾腫があった。接種7日後では被毛粗剛で元気なく、体重が減少した。肝臓には粟粒大から大豆大の膿瘍があり、葉は癒着した。脾腫が著明であった。

　肝膿瘍は菌を接種した翌日に観察され、1～7日の実験期間中9例中8例に形成された（表V-12）。

　LPS接種マウスは2例とも肝臓の中心静脈に鬱血があり、クッパー細胞の活性化が認められた。脾臓では巨細胞が多数認められた。

表V-12 *F. necrophorum* subsp. *necrophorum* LPS処置後同菌液接種実験

マウス番号	接種菌数[1]	接種後日数	肝膿瘍形成[2]	*F. necrophorum* subsp. *necrophorum*の分離成績				
				肝膿瘍部[3]	肝臓[3]	脾臓[4]	腎臓[4]	肺[4]
1	6.0	1	+	10.3	7.0	+	+	+
2	6.0	1	+	8.9	6.3	+	+	+
3	6.0	2	−		6.2	+	−	−
4	4.7	2	+	6.4	5.4	+	+	+
5	6.0	3	+	6.9	4.5	−	−	−
6	6.0	3	+	8.1	6.3	−	−	−
7	4.5	5	+	8.0	5.0	−	+	−
8	4.5	5	+	6.4	4.0	+	+	−
9	7.0	7	+	9.0	5.8	+	+	+

[1]〜[4] ： 表V-1 参照

細菌学的検査

LPSおよび生菌接種マウスの膿瘍形成例では、膿瘍部から$10^6 \sim 10^{10}$／gの菌が、同じ肝臓の膿瘍形成のない部位からは$10^4 \sim 10^7$／gの菌が回収された。膿瘍形成のなかった1例の肝臓からも10^6／gで菌が分離された。脾臓および腎臓では9例中6例から、肺からは9例中4例から菌が分離された（表V-12）。LPS単独接種マウスの肝臓、脾臓、腎臓および肺からは菌は分離されなかった。

考 察

今回の実験では、*F. necrophorum* subsp. *necrophorum*のLPSをマウスの尾静脈に接種したところ、接種24時間後に体重減少、元気消失、眼球の陥凹、流涙などの全身症状が現れ、肉眼的に肝臓は脆弱で血量に乏しく、組織学的にも肝臓と脾臓の網内系に障害作用が認められた。

F. necrophorum subsp. *necrophorum* のLPS前処置後、*F. necrophorum* subsp. *necrophorum*の洗浄菌液を門脈内に接種した今回の実験において、9例中8例に肝膿瘍が形成された。膿瘍は接種翌日にはすでに形成され、*F. necrophorum* subsp. *necrophorum* のLPS無処置マウスに比べて膿瘍がより早期に形成された。この潜伏期の短縮にもLPSが係わっているのであろう。

LPSは生体に対して障害作用と防御作用の二面性を持つとされている。今回の実験では肝膿瘍の形成は認められたが、その病変はLPS無処置マウス接種マウスと比較して軽度であった。それは肝臓への障害作用に続く網内系すなわちクッパー細胞の貪食機能の亢進のために、肝病変が比較的軽度であったと考えられた。LPSにはまた血小板凝集能があり、凝集した血小板が血管壁に粘着し、さらに繊維素、赤血球などと血栓をつくり末梢血管壁に集積する（吉田、1976）。*F. necrophorum* subsp. *necrophorum* のLPSは強い血小板凝集能があり（Hirose *et al.*, 1992）、今回の実験でも肝臓にこのような現象が発現し、微細な壊死部が形成され嫌気性菌の増殖の場が提供されたと推測された。

　F. necrophorum subsp. *necrophorum* LPS処置マウスと無処置マウス間の*F. necrophorum* subsp. *necrophorum*洗浄菌門脈内接種による肝膿瘍形成率には有意差はなかった。しかし、肝膿瘍形成までの時間が短縮される傾向にあることおよび無処置のマウスでは肝膿瘍を形成しえない10^4/マウスの菌数でもLPS処置マウスでは膿瘍が形成されたことは、LPSの有する壊死作用や血小板凝集能により肝細胞傷害や血栓形成が起き、その結果本菌の増殖に適した微的嫌気の環境を提供したことによると考えられる。

　牛肝膿瘍形成においても第一胃内で死滅した*F. necrophorum* subsp. *necrophorum* のなどのグラム陰性菌のLPSが第一胃から門脈経路で持続的にあるいは断続的に肝臓に到達して微的壊死巣を作り、本菌の発育の場を提供している可能性が高いことを指摘したい。また、第一胃内で産生され門脈を経て肝臓へ移行した*F. necrophorum* subsp. *necrophorum*のLPS、あるいは肝臓内で産生されたLPSの刺激により、血中の血小板、白血球や血管内皮細胞から血小板活性化因子が産生され、肝膿瘍形成に重要な役割を果たしているいる可能性が十分考えられる。さらに、LPSによる肝臓内の微小循環における血栓形成（Naier and Hahnel, 1984）によって起こる血流量の低下や微小壊死形成は、本菌の増殖に好適な嫌気的環境を提供して増殖を可能にし、肝細胞の壊死を伴いながら肝膿瘍形成へと発展していくと考えられる。*F.*

necrophorum subsp. *necrophorum*の菌体とくにLPSの血小板凝集能が肝膿瘍形成の引き金となっていると考えられる。

Ⅴ章の文献
Ⅰ. 腹腔内接種
Abe, P. M., Lennard, E. S. and Holland, J. W. Infect. Immun., 13, 1473-1478 (1976)
Conlon, P. J., Hepper, K. P. and Teresa, C. W. Infect. Immun., 15, 510-517 (1977)
Garcia, M. M., Charlton, K. M. and McKay, K. A. Can. J. Microbiol., 23, 1465-1477 (1977)
Hill, G. B., Ostergout, S. and Fratt, P. C. Infect. Immun., 9, 599-603 (1974)
Miyasato, S., Shinjo, T., Yago, H. and Nakamura, N. Jap. J. Vet. Sci., 40, 619-621 (1978)
Wilkins, T. D. and Smith, L. D. Antiimicrob. Agents Chemother., 5, 658-662 (1974)

Ⅱ. 尾静脈内接種
Conlon, P. J., Hepper, K. P. and Teresa, C. W. Infect. Immun., 15, 510-517 (1977)
Nagaoka, K., Yanagihara, K., Harada, Y., Yamada, K., Migiyama, Y., Morinaga, Y., Izumikawa, K., Kakeya, H., Nakashima, M., Nishimura, M. and Kohno, S. J. Med. Microbiol., 62, 1755-1759 (2013).
Shinjo, T., Yoshitake, M., Kiyoyama, H., Misawa, N. and Uchida, K. Jpn. J. Vet. Sci., 43, 912-921 (1981)

Ⅲ. 門脈内接種
Boll, M., Weber, L. W. D., Becker, E. and Stampfl, A. Z. Naturforsch., 56c, 649-659 (2001)
Czaja, M. J., Flanders K. C., Bijempica, L., Klein, C., Zern, M. A. and Weiner, F. R. Growth Factors, 1, 219-226 (1989)
Edwards, M. J., Keller, B. J., Kauffman, F. C. and Thuman, R. G. Toxicol. Appl. Pharmacol., 119, 275-279 (1993)
Garcia, M. M., Charlton, K. M. and McKay, K. A. Infect. Immun., 11, 371-379 (1975)
Hirose, M., Kiyoyama, H., Ogawa, H. and Shinjo, T. Vet. Microbiol., 32, 343-350 (1992)
Hofstad, T. and Kristofferson, T. Acta Pathol. Microbiol. Scand. B, 79, 385-390 (1971)
Inoue, T., Kanoe, M., Goto, N., Matsumura, K and Nakano, K. Jpn. J. Vet. Sci., 47, 639-645 (1985)

Jensen, R., Flint, J. C. and Griner, L. A. Am. J. Vet. Res., 15, 5-14 (1954a)

Jensen, R., Deane, H. M., Cooper, L. J., Niller, V. A. and Graham, W. R. Am. J. Vet. Res., 15, 202-216 (1954 b)

Kanoe, M., Izuchi, Y. and Toda, M. Jpn. J. Vet. Sci., 40, 275-281 (1978)

Kiso, K., Ueno, S., Fukuda, M., Ichi, I., Kobayashi, K., Sakai, T., Fukui, K. and Kojo, S. Biol. Pharm. Bull., 35 (6), 980-983 (2012.)

増田康輔、Yakugaku Zasshi, 126, 885-899 (2006)

Morio, L. A., Chiu, H., Sprowles, K. A., Zhou, P., Heck, D. E., Gordon, M. K. and Laskin, D. L. Toxicol. Appl. Pharamacol., 172, 44-51 (2001)

Naier, R. V. and Hahnel, G. B. Arch. Surg., 119, 62-67 (1984)

Rowland, A. C. Anim. Prod., 12, 291-298 (1970)

Scanlan, C. M. and Berg, J.N. Cornell. Vet., 73, 117-124 (1982)

Shi, J., Aisaki, K., Ikawa, Y and Wake, K. Am. J. Pathol., 153, 515-525 (1998)

Shinjo, T., Miyazato, S. and Kiyoyama, H. Ann. Inst. Pasteur／Microbiol., 139, 453-460 (1988)

Shinjo, T., Yoshitake, M., Kiyoyama, H. and Nakamaura, N. Jpn. J. Vet. Sci., 43., 919-921 (1981)

Takeuchi, S., Nakajima, Y., Ueda, H., Motoi, Y., Kobayashi,Y. and Morozumi, T. Jpn. J. Vet. Sci., 46, 339-344 (1984)

田邊将夫、斎藤龍雄、中野昌康、LPSの抽出法、日本免疫学会編、免疫実験操作法Ⅶ ⅩⅡの2、2047-2052 (1978)

Westphal, O. and Jann, K. Methods Carbohydrate Chem., 5, 83-91 (1965)

吉田昌男、加藤巌 編、内毒素に対する各種細胞の応答、別冊蛋白質・核酸・酵素、255-268 (1976)

VI　章

牛の肝膿瘍形成に関与する宿主側およ び菌側の諸要因

はじめに

　牛の肝膿瘍はRumenitis-liver abscess complex（Jensen *et al.*, 1954）と一般的に考えられている。これまで見て来たように牛とマウスにおいて肝膿瘍形成には10^7／ml以上の菌数が必要である。通常第一胃から肝臓へ流入する菌数が常時10^7／mlとは考えがたく、普通はもっと低菌数の菌の移行が多いのではないかと推測される。肝膿瘍が形成されるためには10^7／ml以上の菌が肝臓に到達してできる肝膿瘍と、また次の2つの条件が揃った時に形成される別の肝膿瘍形成機構を仮説している。すなわち、肝膿瘍形成には原因菌である*Fusobacterium necrophorum* subsp. *necrophorum*が肝臓に到達することと、同時に肝臓内に嫌気性菌である原因菌の増殖を可能にする微的嫌気的環境の存在が必要であると考える。牛の肝膿瘍は内因性嫌気性菌感染症であり、原因菌の肝臓への侵入（必要条件）と侵入菌の増殖を可能にする肝臓内の要因（十分条件）の2条件が揃った時に発症する自発性感染症と定義することができる。肝膿瘍形成機構には上記の2通りの過程があると考えている。

　本章では肝膿瘍形成に係わる複数の宿主側の要因と菌側の要因があり、それぞれについて述べる。

Ⅰ．肝膿瘍形成に関与する宿主側要因

1）ルーメン病変と肝膿瘍

　反芻動物とルーメン内微生物は数百万年の時間ともに進化を遂げてきた。そして、ルーメン内には種々の相互依存的な細菌、原虫と真菌が生息して、それらの微生物群は通常きわめて安定している。しかし、過去50年間に人間が反芻動物の飼料を劇的に変えてきた穀類依存性への変化はルーメン内pHとルーメン内生態系に種々の障害を作り出した（Russell and Rychlik, 2001）。

第一胃の病変と肝膿瘍とは統計学的に有意な関係があり、胃の損傷が先ずあって、それから肝膿瘍が起る（Jensen et al., 1954）。牛の急性アシドージスにおいて、ルーメン内の酸性度と浸透圧が著しく増加し、ルーメン壁に障害を与え、それに肝膿瘍なども随伴する（Owens et al., 1998）。肝膿瘍はルーメンパラケラトーシスと強くかかわっていた（Százados and Takács, 1979）。ルーメンパラケラトーシスおよび急性第一胃炎と肝膿瘍形成の間には有意の関係があった（Tamate et al., 1973）。粘膜に病変のある第一胃と病変のない第一胃では肝膿瘍の形成に違いが認められた。ルーメンパラケラトージス発症牛では59例中13例に、第一胃炎発症牛では83例中3例に、両者併発牛では7例中2例に、三者合わせると149例中18例（12.1％）に肝膿瘍が形成された。一方粘膜に障害のない第一胃の牛では309例中3例（0.9％）に肝膿瘍が形成されたのみであった（Kanoe et al., 1978）。

　しかし、バーレービーフ牛において、第一胃炎病変と肝膿瘍の発生の間には明らかな直接的な関係の証拠はなく、またルーメン壁正常牛でも肝膿瘍は形成されるという報告（Rowland, 1966）、ルーメンが壊死桿菌症の原因菌の侵入門戸であることを確認できず、ルーメン病変と肝膿瘍（壊死桿菌症）とは関係ないとする報告（Rowland et al., 1969）、肝膿瘍発生率とルーメン病変の間には関係はなかったとする報告（Wieser et al., 1966）などもある。

2）ルーメン内のエンドトキシンとエンドトキシンの門脈への移行

　腸管由来門脈性内毒素血症は正常な生理学的状態である（Nolan, 1981）。第一胃内の細菌はグラム陰性菌が優勢であるので、それらの菌の死滅と破壊により、エンドトキシンは第一胃内に普通に存在する。第一胃内のエンドトキシンは急性および亜急性のアシドーシスでは増加する。アシドーシスは牛では第一胃炎や肝膿瘍とも関連性がある。フィードロット牛の消化障害の中でアシドーシスは穀類飼育が始まって以来、最も一般的で、よく知られている（Nagaraja and Lechtenberg, 2007）。穀類飼育牛由来のルーメン細菌のエンドトキシンはマウスと発育鶏卵におけるLD_{50}と局所シュワルツマン反

応惹起性において、同じ方法で抽出した乾草飼育牛のルーメン細菌由来のエンドトキシンよりより強い内毒素毒性を示すようで、それは両者のグラム陰性菌の割合に違いがあるためであろうとした（Nagaraja *et al.*, 1978b）。ルーメン内遊離エンドトキシン濃度は乾草飼育牛より穀類飼育牛でかなり高かった。濃度はルーメン内グラム陰性菌の菌数には関係はなく、それは未知の他の因子がグラム陰性菌からのエンドトキシンの放出を助けていると推定した（Nagaraja *et al.*, 1978c）。

　穀類飽食による乳酸アシドーシスではルーメン内遊離エンドトキシンが著明に増加する。エンドトキシンがルーメン上皮からの吸収には懐疑的である（Nagaraja *et al.*, 1978a）。ルーメン内エンドトキシン濃度は茎葉飼料飼育牛に比べて穀類飼育牛が高い結果であった。エンドトキシン濃度が高いのは、恐らくグラム陰性菌が多いかあるいは穀類飼育牛のルーメンの状態（例えば、低pH）がエンドトキシンの菌体からの放出に有利なためであろう（Nagaraja *et al.*, 1978d）。

　普通飼料で牛を飼育した後、圧ぺん大麦の給与割合を増やした群で、以後濃厚飼料で飼育して、濃厚飼料の割合と血清および第一胃内のエンドトキシン量を測定したところ、両者におけるエンドトキシン濃度は、普通飼料に比べて濃厚試料給与区で高い値を示した。その濃度は圧ペイ大麦の割合を最も高率（60％）に増やした区で20日後に最高値を示した後は徐々にに低下したが、変換2ケ月後には第一胃内のエンドトキシンは普通飼料の約10倍に、血清中濃度は2～4倍に安定した（Motoi *et al.*, 1993）。大麦の飼料添加量の量依存的にルーメン内エンドトキシン量および血漿内LPS結合タンパク量は増加し、ルーメン液中のpHは低下した（Emmanuel *et al.*, 2008）。

　濃厚飼料に適応していない動物を穀類飼料で飼育するとルーメン内の遊離エンドトキシンが著名に増加した。穀類飼料飼育による乳酸アシドーシスで、発症後12時間以内に遊離エンドトキシンが15～18倍に増加した。また、アシドーシスに伴い顕著な顆粒球増多症が認められた。そのことはルーメン内細菌の内毒素の全身性作用を示唆したと述べている（Nagaraja *et al.*,

1978a)。穀類飼育期間中は乾草飼育時に比べてLPS濃度が有意に増加した（Gozho et al., 2005）。穀類飼育誘発性亜急性アシドーシス乳牛においてルーメン内のLPS濃度が著しく上昇（24,547 EU／mlから128,825 EU／ml）したが、血清中にはLPSは検出されなかった（Gozho et al., 2007）。100％粗飼料から61％濃厚飼料に変えるとルーメン内の遊離LPS濃度は6,310EU／mlから18,197EU／mlへ増加し、亜急性ルーメンアシドーシスではルーメン内LPSはさらに増加した（26,915EU／ml）。亜急性ルーメンアシドーシスで増えたLPSは炎症応答を活性化した（Nolan, 1981；Gozho et al., 2006）。

　肝臓は門脈経由で肝臓に流入するエンドトキシンなどに曝される（Knolle and Gerken, 2000）。LPSは消化管の内腔から流血へ移行し、肝臓と他の臓器がLPSに暴露される（Ganey and Roth, 2001）。エンドトキシンは門脈内に正常に存在するもので、全身に回る前に肝臓において複雑な機構で除去される（Fox et al., 1990）などが報告されている。また、急性ルーメンアシドーシス牛ではエンドトキシンは門脈内と肝静脈から検出され（Anderson, 1994）、門脈内にはルーメン内のエンドトキシンが普通に存在している。ルーメン内エンドトキシンはルーメンアシド－シスに関係があり、エンドトキシンは消化管から血流に吸収される。ルーメン内の大量のエンドトキシンと広い吸収表面の可能性からルーメンはエンドトキシン吸収門戸であろう（Nagaraja and Titgemeyer, 2007）。

　濃厚飼料の割合を増やすと第一胃内および血清中のエンドトキシン量が著しく増加した（Motoi et al., 1993）。高炭水化物給餌はグラム陰性菌の菌数を増加させ、ルーメン内のエンドトキシン濃度を有意に増加させた。ルーメンアシドーシスは腸管あるいはルーメン由来のエンドトキシンの門脈への移動を容易にし、内毒素中毒症へと進展する飼育関連性生産病である（Anderson, 2003）。ルーメンアシドーシスは胃腸からのエンドトキシンの吸収を助ける（Aiumlamai et al., 1992）。

　腸内でグラム陰性菌が過剰増殖して多量の内毒素が産生されると、腸壁の透過性が増すのでエンドトキシンの門脈内への流入が増加した（Han,

2002)。

　実験的に穀物飽食・過食の羊と牛の血中にエンドトキシンが検出された（Dougherty, 1975）。実験的アシドーシスにおいて、ルーメン内pHの変化により死滅したグラム陰性菌から遊離したエンドトキシンが増加し、さらに血清中エンドトキシンが増加した（須田ら、1994）。穀物飽食による亜急性ルーメンアシドーシスではルーメン内遊離LPSが増加し、末梢血漿内LPS濃度も随伴して増加した。末梢血漿内のLPS結合タンパクも増加した。亜急性ルーメンアシドーシス中に見られる高いルーメン浸透圧はルーメンのバリア機能を弱める原因となる（Khatipour et al., 2009a）。

　人工的に誘発した亜急性ルーメンアシドーシスにおいて、ルーメン内の遊離エンドトキシン量が著しく増加し、血清中のLPS結合タンパクも増加した（Khatipour et al., 2009b）。彼らはルーメン内の遊離エンドトキシンが高濃度になると腸管のバリア機能が破壊され、遊離エンドトキシンが流血中へ移行する原因となると推測した。

3）原因菌の門脈経由で肝臓への侵入

　濃厚飼料多給牛では第一胃内の乳酸生成菌が急速に増加し、pHの低下をきたす。酸性度の強い胃内容物が長時間第一胃内に停滞すると粘膜上皮は障害を受けて第一胃炎を起こす。絨毛の脱落部や胃粘膜壁損傷部から細菌が侵入し、門脈流血内に入って肝膿瘍を形成する（元井、1988）。易発酵性の炭水化物の大量給与は乳酸を産生させ、急性のルーメンアシドーシスをおこす。また胃内の乳酸増加は化学的第一胃炎発症の原因となり、細菌などの第一胃粘膜内への侵入を容易にするためこれらは血管内に侵入し、肝臓へと移送されて肝膿瘍の原因となる（元井、1989）。濃厚飼料多給により発生した乳酸による化学的な障害と鋭利な金属片などの異物による機械的傷害により急性第一胃炎が起こり、原因菌の肝臓への侵入が可能となる（Jensen and Mackey, 1979）。肥育肉牛において第一胃炎は通常おこるもので、損傷部より細菌、特に*F. necrophorum*が第一胃壁を通過して門脈に入り、肝臓に運ば

れて感染の第二の感染病巣が形成される（Hensen et al., 1954）。濃厚飼料の過給は第一胃内の揮発性脂肪酸や乳酸の増加、pHの低下を招き、第一胃の運動の抑制、唾液分泌の低下へと連動して第一胃粘膜上皮細胞の代謝に悪影響を与え、不全角化を発生させる。そのため、第一胃粘膜の抵抗力が低下し、飼料や飼料中の異物などの刺激により粘膜は損傷し、潰瘍形成なども含めて第一胃炎へと進展する。第一胃内の F. necrophorum が損傷した粘膜表面より粘膜内に侵入して血管内に入り、門脈を経て肝臓に達し膿瘍を形成する。肝膿瘍形成には第一胃の異常が必要で、第一胃不全角化症－第一胃炎－肝膿瘍症候群と説明される（元井、1994）。

　Narayanan et al.（2002）は肝膿瘍の発生機序を次のように説明している。すなわち、易発酵性の高炭水化物の給与のため、ルーメン内に有機酸の発生の増加と蓄積をもたらし、酸度が増すためルーメンに病変が生じる。その病変を通してルーメンの常在菌である F. necrophorum などの日和見菌がルーメン壁に入り、ルーメン壁に膿瘍を形成する（一次感染）。次いで菌は血流に入り門脈を介して肝臓に到着し、肝臓に膿瘍を形成する（二次感染）。また、彼らはルーメン壁、ルーメン内容および肝膿瘍由来の F. necrophorum をリポタイピング法により比較したところ、フィードロット牛における肝膿瘍の原因となる菌株はルーメン壁由来であることを証明した（Narayanan et al., 1997）。

　牛ではグルーミング中に嚥下した被毛もルーメン壁を貫通して菌の通過を助ける（Brent, 1976）。給与飼料を普通飼料から大麦90％を含む飼料に変換するとルーメン壁は肥厚し、硬化した。ルーメン壁の乳頭間に多くの皮毛が存在し、動物の皮毛と植物の子刺の貫通による多くの病変が存在した（Fell et al., 1968）。動物の皮毛と植物の子刺はルーメン壁の損傷の原因となり、多くの皮毛と子刺はルーメン壁の組織を貫通して、膿瘍形成などの炎症性病変の原因となる（Fell et al., 1972）。

　投与飼料の澱粉を減らして、糖蜜を添加した麦わらの摂取量を増やす事によって若い雄牛におけるルーメン壁障害は阻止できたが肝膿瘍の発生率を減

らす事が出来なかった。ルーメン壁が正常でも*F. necrophorum*は肝臓に達していた（Jorgensen *et al.*, 2007）という報告もあり、必ずしもルーメン壁の障害を前提としない通過もあり得ると推察される。

4）侵入菌の増殖を可能にする肝臓側要因

前述したように第一胃内の*F. necrophorum* subsp. *necrophorum*が第一胃内の損傷部から門脈を介して肝臓に達した後、肝臓内に侵入した原因菌の増殖の場があるかどうかが重要となる。ここでは、肝臓に障害を与える要素について述べる。

(a) LPSの肝臓障害
(ⅰ) 直接障害

エンドトキシンには肝臓毒性があり（Curbertson, Jr. and Osburn, 1980）、直接的に肝臓類洞細胞を損傷し、LPSの無毒化機能を障害する（Nolan, 1981）。腸管から吸収されたエンドトキシンと肝類洞細胞との相互作用により肝細胞の障害が起こる（Nalan and Camara, 1989）。LPSが直接的かあるいは好中球とクッパー細胞の活性化によって間接的に肝細胞障害と細胞死を起こすことができる。その機構はアポトーシスより細胞性壊死である（Wang *et al.*, 1995）。

ルーメン内の遊離エンドトキシンを牛の消化管静脈に注入するとLPSと同様な肝臓障害が容易に起こり、その障害の程度はエンドトキシンの濃度が高いほど著明であった（谷口ら、1992）。

LPSは肝細胞に対して変性や壊死を引き起こす。ラットにおいて致死量以下のLPSを腸間膜静脈内に接種すると2時間後に肝細胞の壊死が観察された（Ruiter *et al.*, 1981）。ラットを用いた実験でLPSを投与した群で肝細胞に重度な限局性壊死が観察された（Iimuro *et al.*, 1994）。濃厚飼料多給牛の第一胃内遊離エンドトキシンを牛の消化管静脈内に注入すると肝臓類洞内の好中球の浸潤およびクッパー細胞や血管内皮細胞の腫大があり、肝細胞の変性、

壊死および小葉間結合組織における囲管性細胞浸潤が認められた（元井ら、1992）。

LPSと遊離lipid Aはマウス肝臓のミトコンドリアによる酸素呼吸をその濃度に関連して阻害した（McGiveney and Bradley, 1980）。*Escherichia coli*のエンドトキシンは人とラットの肝臓ミトコンドリアの呼吸量とリン酸化反応を抑制した（Schumer *et al.*, 1970）。LPSはマウス肝臓ミトコンドリアのミトコンドリアにおける呼吸とリン酸化反応を障害し、Lipid Aがミトコンドリアの機能抑制作用を担った（Kato, 1972）。肝細胞のミトコンドリアの膜にはリポイド（主としてホスフォリピド）が多量に含まれている。リポイドの構成要素であるヂホスファチヂールグリセロールはLPSへの親和性が強い。LPSに結合するアシルグループがミトコンドリアの構造障害を誘発し、生物学的酸化を妨げ、ATPの産生を阻止し、肝細胞障害を引き起こす。LPSは膜の脂肪分子の二重膜間に入り込みあるいは膜リセプターと結合して膜フォスファチヂールイノシトールの代謝を開始する。マクロファージに貪食されたLPSはリゾソーム膜を障害してリソソーム酵素を放出させ細胞の自己融解を引き起こす（Han, 2002）。

*Salmonella abortusequi*のLPSをラットの静脈内に接種するとクッパー細胞のミトコンドリアは障害を受ける（Van Bossuyt and Wisse, 1998）。*E. coli*のLPSはVero細胞とマウス肝細胞初代培養細胞において、ミトコンドリアのリンゴ酸デヒドロゲナーゼ、コハク酸デヒドロゲナーゼとアデニル酸キナーゼの活性を著しく低下させた。その低下は細胞のLPSへの暴露時間とLPS量に依存した。LPSによるミトコンドリア膜の傷害によるものであった（McGivney and Bradley, 1979）

LPSは*in vitro*において肝細胞のアポトーシスを誘導した（Liang *et al.*, 1999）。LPSの*in vitro*における直接作用を調べたところ、肝細胞は形態学的にアポトーシス細胞の典型的なラダーパターンを示した。そしてその過程はアポトーシス阻害剤のATAにより阻止された。アポトーシス死した肝細胞の数はLPSの量に比例した（Han, 2002）。マウスにおいてTNFに対する免疫

でエンドトキシンによる障害が完全に阻止され、TNF誘発性致死を抑制するIL-1βで前処置するとアポトーシスと肝障害を完全に防止できた。これらの結果からエンドトキシンによる肝細胞アポトーシスはTNFが主たる役割りを担っていると結論された（Leist *et al.*, 1995）。

　LPS誘導性肝障害は活性化された多形核好中球（PMNs）から放出されるリソソーム酵素やその他の因子によって介在される（Hewett *et al.*, 1992）。

　このように、LPSは直接的に肝細胞障害の原因となり、*F. necrophorum* subsp. *necrophorum*の発育の場を提供すると考えられる。

(ii) サイトカインを介する障害

　LPSがLPS結合タンパク（LPS binding protein、LBP）と結合してLPS-LBP complexを形成し、LPS受容体であるCD14に運ばれてToll-like receptor（TLR）と反応し、nuclear factor-kappa B（NF-κB）の活性化を介して炎症性サイトカイン生成を誘導する。産生されたサイトカインが肝臓障害性を有するため、肝臓が直接障害を受ける。TLRは末梢単球／マクロファージにおけるLPS伝達因子である NF-κBの活性化および核転座を伝達する（Su, 2002）。

　LPSの頚静脈内接種により、血清中のTNF-α、IL-1β、IL-6, serum amyloid Aの濃度が増加し、体温も上昇した。LPSの生物学的作用は単球やマクロファージから放出されるTNF-α、IL-1βとIL-6のサイトカインによるものである（Werling *et al.*, 1956）。LPSにより産生されたTNF-αは培養肝細胞に肝細胞酵素の放出と肝細胞壊死を起こし、直接的な細胞毒性を示した。TNF-αは*in vitro*で直接的に肝細胞障害と壊死を誘導することができるが、肝細胞のアポトーシスを誘導することはできなかった。TNF-αによって活性化された肝細胞と好中球は有意な肝細胞酵素の放出と肝細胞の壊死を誘導した（Wang *et al.*, 1995）。

　LPS誘導性肝障害は複雑で、クッパー細胞やTNF-αを含む多くの炎症性細胞と溶解性伝達因子が関与している。内毒素血症の臨床病理学的徴候は

TNF、幾つかのインターロイキンやエイコサノイドなどの細胞毒性伝達因子によるものだと考えられている。マクロファージ特にクッパー細胞がそれらを産生する。LPSに暴露されると初期にはエイコノサイド、主としてプロスタンジンD_2とF_{2a}が産生される。エンドトキシンはIL-1、IL-6およびTNF-αのmRNAの合成を刺激する（Brouwer et al., 1995）。クッパー細胞がLPSにより刺激を受けるとシクロオキシゲナーゼ（cyclooxygenase-2）が誘導され、それが炎症性作用を持つプロスタグランジンの合成を促進する（Brouwer et al., 1995）。

　LPSの肝障害におけるクッパー細胞とクッパー細胞から放出されるTNF-αの働きについて調べるため、クッパー細胞の機能阻止剤であるガドリニウム（gadolinium）で前もって前処理したラットを用いて試験した。ガドリニウムで前処理するとLPSによる肝障害が、またクッパー細胞のTNF-α合成阻止剤であるペントキシフィリン（pentoxifylline）あるいは抗TNF-α血清により肝障害は弱められた。LPSによる肝障害においてクッパー細胞とTNF-αが重要であることが示唆された（Yee et al., 2003）。

　門脈経由のLPSによるクッパー細胞の刺激が、恐らくTNF-αやIL-1βおよびFasLを介して肝障害に関与している。活性化クッパー細胞上に発現したFasLタンパクは肝細胞のアポトーシス性細胞死を誘発する。活性化クッパー細胞に誘発されたTNF-αはTNFリセプターp55を介してアポトーシスをおこす。このようにTNFとFas系は別々にLPS誘導性肝障害時に肝細胞のアポトーシス性変化を支配した（Choda et al., 2004）。

　LPSがマクロファージを刺激して炎症性サイトカインの分泌、とくにTNF-αの過剰分泌は肝細胞と類様毛細血管内皮細胞を障害する（Fujita et al., 1995）。In vitroにおいて牛クッパー細胞がLPSに反応して、TNF-α、IL-1、IL-6とプロスタンジンE_2を産生した（Yoshida et al., 1998）。LPSの刺激によりクッパー細胞から分泌されたTNF-αは多形核白血球からの細胞毒性物質の放出を刺激あるいは増強することによりLPSの肝細胞毒性に関与する。すなわち、LPSの肝細胞毒性は多形核白血球依存的であった（Hewett *et al.*, 1993)。牛クッパー細胞の初代培養を用いた実験系の確立の試験において、培養クッパー細胞は*E. coli*のLPSの刺激によってTNF-α、IL-1α、IL-1βとIL-6のmRNAを発現させた（Yoshida *et al.*, 1997）。

ラットにLPSを静脈内接種すると量依存的、時間依存的に肝細胞にアポトーシスが認められた。LPS誘導性肝細胞のアポトーシスにはLPSにより活性化されたクッパー細胞から分泌されたTNF-αおよび続いて肝細胞においておこるTNF receptor 1（TNFR1）のカスペース下流の活性化が関与した。クッパー細胞、TNF-αおよびTNF receptor 1（TNFR1）のカスペース下流の活性化がLPSに誘導される肝細胞のアポトーシスに関係した（Hamada *et al.*, 1999）。LPSおよびD-ガラクトサミン投与に関連する肝細胞のアポトーシスにおいてTNF-αとp55TNFレセプターのシグナル伝達が不可欠であることを確認した（Oberholzer *et al.*, 2001）。

(iii) LPSによる微小循環障害（血行障害、血栓・栓塞、血小板凝集）

LPSは微小循環障害の原因ともなる。LPSがマクロファージを刺激してTNF-αが産生され、そのTNF-αによって類様毛細血管内凝集がおこり、その結果微小循環障害が起こる。また、プラズマの凝固活性の増強は肝臓マクロファージの活性化に起因する。さらに、炎症性サイトカイン、とくにTNF-αの過剰分泌は肝細胞と類様毛細血管内皮細胞を傷害する。TNF-αおよびIL-1は内皮細胞上に細胞間接着分子1（ICAM-1）を誘導する。白血球の類様毛細血管内皮細胞への付着もこの病因に関与しているかも知れない（Fujita *et al.*, 1995）。

LPSは分離灌流肝臓において門脈循環を遅くする。LPSの血管への作用は種々で、一部血管作用性キニンに介在されるか、内皮障害と微小循環の障害に関係している（Nolan, 1981）。

エンドトキシンによりクッパー細胞と内皮細胞が腫脹し、白血球と血小板が類洞壁に付着して肝臓微小循環障害が起き、クッパー細胞の貪職能が低下する。エンドトキシンが肝臓の微小循環障害を起こして血流の流れが

遅くなり、血小板凝集と白血球により類洞基底を流れる流れのパターンが変わり、腫脹した内皮細胞とクッパー細胞により類洞狭窄部に栓がされる（McCuskey et al., 1982）。

LPSをラットに静脈内接種すると、血小板がクッパー細胞および内皮細胞に付着し、遅れて好中球性顆粒球が肝臓ジヌソイドに沈着した。その結果肝臓の微小循環の障害による虚血が細胞の微細構造を破壊した（Van Bossuyt and Wisse, 1998）。

腸原性内毒素血症において肝臓の微小循環障害による肝障害が確認された。光学顕微鏡観察で肝臓小血管内に糸状の塊状血栓が多数存在し、肝臓の50％以上に微小循環障害による壊死が見られた。腸原性内毒素血症は肝臓微小循環障害を誘発し肝細胞の虚血と低酸素血症の原因となる（Liu et al., 2001）。

エンドトキシンが門脈血流と洞様毛細血管血流を低下させ、肝細胞とクッパー細胞の機能不全を起こす。門脈血流の減少は洞様毛細血管の血流の低下に影響する。内毒素血症中の洞様毛細血管微小循環障害には、エンドセリン－1に介在される肝臓血管の抵抗性の増加と腸灌流障害に起因する門脈から肝臓への流入の減少が関与している（Secchi et al., 2000）。

F. necrophorum subsp. necrophorumの洗浄菌浮遊液は牛血小板を凝集したが、F. necrophorum subsp. funduliformeの菌液は凝集しなかった。F. necrophorum subsp. necrophorumの加熱菌体およびLPSは牛血小板を凝集した。走査電顕による観察で凝集血小板は傷害を受けなかった。本菌の血小板凝集能はおそらくLPSに誘導される毒力マーカーであろう（Hirose et al., 1992）。

F. necrophorumのLPSを接種したマウスでは肝臓の変性ないし壊死と血液凝固異常が観察された。LPSの活性として、血管内皮細胞障害、マクロファージ食菌系の阻害、DICの惹起そして肝細胞毒性活性が良く知られている。F. necrophorum subsp. necrophorumのLPSの生物活性はグラム陰性菌のLPSと同様な生物活性を有する（Nakajima et al., 1985）。

牛の門脈系へのF. necrophorum subsp. necrophorumの接種によって肝臓に微

小膿瘍と播種性の微小血栓が形成された。微小膿瘍は*F. necrophorum* subsp. *necrophorum*の増殖につれて凝固壊死となり、肉芽組織によって被包され、病変形成過程の初期に血管内凝固の関与がみられた（Nakajima *et al.*, 1986）。

ウサギを用いて*F. necrophorum*の肝臓内感染における*E. coli*エンドトキシンの効果を評価した実験でエンドトキシンによる肝臓の感作が*F. necrophorum* subsp. *necrophorum*の肝臓への感染を容易にし、壊死や増殖の誘導への誘因として働いた。この肝臓への感染を容易にしている機構をシュワルツマン反応によって説明できる。*E. coli*エンドトキシンのみによっても壊死病変が出現した（Nakajima *et al.*, 1987）。

*F. necrophorum*のLPSにはシュワルツマン反応の感作活性と誘発活性があり、肝臓毒性的であった。また、*F. necrophorum*のLPSを前もって静脈内接種してから胆管内にLPSを接種すると共同効果により重症な肝壊死が生じた。この共同作用もシュワルツマン反応に起因するものであろう（Nakajima *et al.*, 1988）。

LPSを接種した兎の肝臓において急性で重症な広範囲の壊死がシュワルツマン機構によって妊娠および非妊娠の両者に発生した。このシュワルツマン反応を局所性、全身性反応につぐ第3のシュワルツマン反応のカテゴリーとして単臓器型（Univisceral type）反応を提案した（Mori *et al.*, 1979）。第3のシュワルツマン反応による臨床徴候は急性の局所性血管内凝固を伴うことによるもので、その一つとしてLPSによる急性肝壊死があるとしている（Mori, 1981）。

エンドトキシンによって起きる洞様毛細血管内血栓症による肝臓微小循環障害はエンドトキシン誘導性肝障害の進展のために必要で十分な条件である。また、それは洞様毛細血管内血栓症による虚血により白血球とクッパー細胞からのリソソーム酵素の分泌を促して直接的な肝細胞毒性効果を示す単臓器型シュワルツマン反応による障害である（Shibayama, 1987）。

(ⅳ）活性酸素

　LPSは肝細胞のミトコンドリアDNAを酸化することにより転写を妨げ肝臓に障害を与える（Suliman et al., 2003）。LPS処理直後の肝臓における肝細胞の代謝亢進状態はO_2^-（スーパーオキサイド）の発生の増加と相互関係があり、スーパーオキサイドは内毒素血症における肝障害の誘発に関与している。内毒素血症時の組織障害の誘発の一部はクッパー細胞と多形核白血球によるスーパーオキサイドによるものであり、スーパーオキサイドは、H_2O_2（過酸化水素）と反応して$^1O_2\cdot$（一重項酸素）などのさらに毒性の強い活性酸素を形成する重要な代謝産物であると考えられている（Bautista et al., 1990）。

　In vivoにおけるLPS処理後のスーパーオキサイド放出は初期に短期で起き、内毒素血症状態時の肝障害において重要な役割を有している（Bautista and Spitzer, 1990）。LPSはラットにおいて、in vivoおよびin vitroにおいて内皮細胞、クッパー細胞および肝臓の好中球でスーパーオキサイドの産生を有意に誘導した（Bautista and Spitzer, 1995）。

　腸原性内毒素血症は肝臓微小循環障害を誘発し、肝細胞の虚血と低酸素血症の原因となる。また、虚血と低酸素血症により、大量の酸素遊離基が産生され、肝臓は過酸化物による障害を受ける（Liu et al., 2001）。

　エンドトキシンやLipid Aは顆粒球（多形核白血球）を内皮細胞に付着させ、その結果顆粒球が活性酸素を産生し、内皮細胞を傷害する（Yamada et al., 1981）。

(b) 血小板凝集による血栓形成

　F. necrophorumの赤血球凝集素はモルモットの腸間膜微小循環に血栓を形成し、微小循環内における血栓形成で重要な役割を果たしている。血栓症は壊死の病理発生における初期段階で、F. necrophorumは感染の初期段階で微小循環に血栓を形成し、その血栓は組織内の壊死病巣形成の進展に関与しているのであろう（Kanoe et al., 1989）。F. necrophorumの赤血球凝集素は本菌の門脈細胞膜への付着を媒介し、感染初期における微小循環内の血栓症成立

にかかわっている (Kanoe et al., 1992)。

　牛肝膿瘍由来の F. necrophorum subsp. necrophorum は16株中13株が人血小板強化血漿中で血小板を凝集し、F. necrophorum subsp. funduliforme の 7 株は全株が凝集しなかった。血小板の溶解は起こらず、血小板と細菌の直接の接触が凝集の前提であった。F. necrophorum subsp. necrophorum が陽性で、F. necrophorum subsp. funduliforme が陰性であったことから血小板凝集能は本菌の毒力に関係していることを示している (Forrester et al., 1985)。

　血小板凝集は本菌の赤血球凝集素によるもので、赤血球凝集素は血小板の細胞表面に付着した。血小板の溶解は起きなかった。F. necrophorum による血小板凝集は本菌の感染中における膿瘍形成の初期段階に関与しているのであろう。血小板凝集能は本菌の毒力に関係している (Kanoe and Yamanaka, 1989)。

5) 全身的な非健康状態

　ビタミンA欠乏による全身の抵抗力の低下が肝膿瘍形成を促進する報告もある (Rowland, 1970)。宿主の健康状態も F. necrophorum 感染に関わりを持っている。

II. 肝膿瘍形成に関与する菌側因子

1) 原因菌の肝臓への侵入

　既に述べたように濃厚飼料多給の牛ではルーメンアシドーシス、第一胃炎あるいはルーメンパラケラトーシスが惹起され、あるいは鋭利な金属片などの異物による機械的な損傷が第一胃粘膜に生じる。その損傷部から第一胃内に生息している F. necrophorum が門脈内に侵入して肝臓に達して増殖し、肝膿瘍へと発展する (元井、1988; Jensen and MacKey, 1979; Hensen et al., 1954)。

　好中球はロイコトキシンの有害作用を受けて貪食能が低下するため、F.

necrophorum のルーメン壁や肝臓への感染を容易にする（Nagaraja *et al.*, 1966）。

2）原因菌の侵入後の生残にかかわる菌側因子
（a）カタラーゼおよびSOD

　カタラーゼやスーパーオキサイドデイスムターゼ（superoxide dismutase、SOD）は嫌気性菌の酸素耐性に関連があり（Lynch and Kuramitsu, 1999; Rolf *et al.*, 1978）、嫌気性菌の病原因子の一つと考えられている（Rolf *et al.*, 1978; Carlsson *et al.*, 1977; Tally *et al.*, 1977）。また、嫌気性菌ではSOD活性のレベルと酸素耐性とは相関があることが報告されている（Tally *et al.*, 1977）。

　F. necroophorum には *F. necroophorum* subsp. *necrophorum* および *F. necroophorum* subsp. *funduliforme* の2亜種があり、病原性が異なる（Shinjo *et al.*, 1991）。これら2亜種のカタラーゼおよびSODを報告ではカタラーゼは何れの亜種にも証明されなかったが、SOD産生では差異がみられ、*F. necroophorum* subsp. *necrophorum* が *F. necroophorum* subsp. *funduliforme* に比べて強いSOD活性を示した。また、酸素耐性時間も前者がやや長い傾向であった。

　嫌気性菌にとっては好気的環境下に耐えて生残する能力もまた病原因子の一つとして捉えることが出来る。特に肝臓のような血管に富んだ臓器での感染成立には不可欠と考えられる。カタラーゼとSODは酸素から細菌を保護する酵素で、SODは嫌気性菌や微好気性菌においては病原因子の一つと考えられている（Carlsson *et al.*, 1977; Tally *et al.*, 1977; Gregory and Dapper, 1980; Nakayama, 1994; Seyler Jr. *et al.*, 2001）。Tally *et al.* (1977) は菌のSOD活性と酸素耐性は関係があり、SODは病原性嫌気性菌の病原因子と推測した。

　一般的に病原性を有する嫌気性菌はSOD活性値が高く、それにより宿主組織中で酸化物の還元が進み菌の増殖に好適な環境に変化するまで生残することができると考えられている。また、好中球やマクロファージなどの酸化

的殺菌機構に対しても、強い抵抗性を示すものと思われる。好気性菌と嫌気性菌はともに、強毒株は弱毒株に比べ有意にラジカルスカベンジャー酵素を産生することが報告されている（Hassan et al., 1984; Kanafani and Martin, 1985; 宮崎ら、1986b）。*Bacteroides fragilis*においては、好中球に対する貪食殺菌抵抗性とSOD活性が高い相関を示すことが確認されており（宮崎ら、1986a）、さらに*B. fragilis*と他菌種との混合感染では、感染部位の酸化還元の低下とも関連して感染菌のSOD活性の強弱が感染の成立と進展に影響を与える主要因とされている（宮崎ら、1986b）。*F. necrophorum*においてもSOD含量が多くて酸素耐性能の強い*F. necrophorum* subsp. *necrophorum*が組織内での生残性や酸化的殺菌に対する抵抗性が*F. necrophorum* subsp. *funduliforme*に比較して強いことがその病原性の一要因であろう。

　本菌のSOD活性と肝膿瘍形成との関係を考察すると肝臓は血管に富む臓器であり、嫌気性菌が臓器内で増殖し、膿瘍を形成するためには嫌気性菌の増殖に必要な条件が整うまで、好気的環境下で生残することが要求される。*F. necrophorum* subsp. *necrophorum*はルーメンから肝臓に到達し、肝臓内で増殖に必要な還元状態が到来するまで自ら産生するSODによって生残を可能にしている一つの要因と推定される。SOD産生能が弱いかあるいはそれを欠く*F. necrophorum* subsp. *funduliforme*は肝臓への移行あるいは肝臓内での生残が困難になり、ルーメン内で優勢であった*F. necrophorum* subsp. *funduliforme*が肝臓内では劣勢となり、ルーメン内と肝膿瘍で両亜種の分布が逆転すると考えられる。肝臓内で血栓形成、血流障害、LPSによる肝細胞障害、微細壊死巣の形成などにより嫌気的条件が整えられると菌は増殖を開始して肝臓に膿瘍を作るのであろう。この際も*F. necrophorum* subsp. *necrophorum*が優勢に増殖すると推定される。

(b) ロイコシジン

　ロイコシジンは*F. necrophorum*の主たる病原因子で、牛、羊、ウサギおよび人（感受性順）（Emery et al., 1984）、反芻動物（Narayanan et al., 2002b）

の白血球に致死的な毒性を示す。ロイコシジンはウシの単核白血球に対してより多形核白血球に対して毒性が強い（Coyle-Dennis and Lauerman, 1978）。F. necrophorumの培養上清は牛および羊の白血球に毒性を示したが、豚とウサギの白血球に対しては活性がなかった（Tan et al., 1994）。ロイコシジンは人多形核白血球にも毒性を有し、人のF. necrophorum感染において役割を持っている（Tadepalli et al., 2008）。

精製ロイコシジンは低濃度で多形核白血球の活性化とアポトーシス介在性死の原因となり、高濃度で牛末梢白血球の壊死をおこす。F. necrophorumのロイコシジンは多形核白血球に対する細胞活性化および食細胞と免疫エフェクター細胞のアポトーシス介在性死など、その毒性によって宿主免疫系を調節できることは、ロイコシジンが病因的に重要な機能を持っていることを示している（Narayanan et al., 2002b）。

培養濾液は白血球毒性物質を含み、ウサギ腹腔マクロファージを破壊した（Fales et al., 1977）。マウス腹腔マクロファージはロイコシジンにより特徴的に障害を受け、障害を受けた細胞は微絨毛が消失し、細胞膜の部分的破壊を被った（Kanoe et al., 1986）。

ロイコシジンはウシの肝細胞毒性を有している。ロイコシジンはF. nerophorum感染中、肝臓の壊死病変形成に関与し、F. nerophorum感染において病原的な役割を担っている（Ishii et al., 1988）。

ロイコシジン産生性グラム陰性菌は宿主の免疫系を操作する能力を有し、宿主の防御機構を障害する。ロイコシジンは宿主の炎症性メデイエーターと活性化免疫イフェクター細胞の中心的な役割を障害することによって宿主の炎症性応答を調節する（Narayanan et al., 2002a）。

F. nerophorumの病巣由来株は強病原性の生物型A（現在のF. necrophorum subsp. necrophorum）に属し、ロイコシジンを産生し、牛とマウスに病原性を示した（Emery et al., 1985）。生物型Aが生物型B（F. necrophorum subsp. funnduliforme）よりロイコシジン産生性が高く、マウスに対する強い病原性も強かった。また、人の好中球にも活性を有した（Oelke et al., 2005）。生物

型Aは生物型Bの18倍のロイコトキシン値を示した（Tan *et al.*, 1992）。マウスの腹腔内接種による膿瘍形成能を調べたところ、ロイコシジン産生株は非産生株より感染性が強かった。ロイコシジンは本菌の感染性と関係があり、病原性における重要な要素である（Coyle-Dennis and Lauerman, 1979）。

　ロイコシジンは牛ルーメン上皮細胞にも細胞毒性を示し、ロイコシジンで処理した細胞は微絨毛の縮小と消失およびルーメン上皮細胞表層の破壊が認められた。ロイコシジンは牛ルーメン病変形成に関与している（Kanoe *et al.*, 1978）。また、粘膜上皮細胞の障害による菌の侵入門戸ともなり得る。

(c) 溶血素（ヘモリジン）およびその他の酵素

　F. necrophorum subsp. *necrophorum*の精製ヘモリジンは各種動物の白血球に強い毒性を有し、貪食に抵抗した（Kanoe *et al.*, 1984）。

　F. necrophorum subsp. *necrophorum*は細胞壁成分のコラーゲン溶解活性によりウサギにおいて顆粒球とリンパ球に形態的変化と細胞毒性効果を示し、その作用によって免疫を回避して生残することができる（Okamoto *et al.*, 2005a）。また、このコラーゲン溶解性細胞壁成分はウサギ顆粒球と肝細胞の細胞表面を障害した。この細胞毒性活性の内蔵組織における初期障害の成立により、菌の感染初期段階における*F. necrophorum* subsp. *necrophorum* の侵入のための生残の機会を増やしている（Okamoto *et al.*, 2005b）。

(d) LPSの抗貪食機能

　*F. necrophorum*では*F. necrophorum* subsp. *necrophorum*はO側鎖が長くスムース型LPSで、*F. necrophorum* subsp. *funnduliforme*は側鎖が短くラフ型LPSであることが知られている。細菌は感染を成功させるためには宿主の食細胞による殺菌を免れなければならない。次に紹介するのは*Brucella*属についての文献であるが、*F. necrophorum*も両亜種間にはO側鎖の違いがみられので、同じ機構で生残する事が推測されるので、紹介する。*Brucella*属は次の機構で生残する。

(i) スムース型LPSは食細胞内での生残に重要

　*Brucella*は人に対する病原性はスムース型菌がラフ型菌より強い。ラフ型*Brucella*はスムース型*Brucella*より効果的に単球に貪食される。スムース型菌のみが単球内で宿主の防御能を抑制して増殖し病原性を示す（Rittig *et al.*, 2003）。

(ii) ファゴソームとリソソームの癒合阻止

　*B. suis*のスムース株LPSのO側鎖はネズミマクロファージ内のファゴソームとリソソームの融合を阻止するが、ラフ型変異株はリソソームにより融解される。O側鎖はマクロファージ内における初期の菌の反応を調節する主要な因子である（Porte *et al.*, 2003）。

(iii) 補体介在性殺菌に抵抗

　食細胞への細菌の取り込みは補体を介して行われる。細菌のLPS側鎖がマクロファージによる細菌への付着と取り込みを阻害する。また、LPS側鎖を有する株はマウスに対する病原性も強い（Liang-Takahashi *et al.*, 1982）。

(iv) 宿主の免疫応答障害

　病原性*Brucella*のO側鎖は生体内で宿主の防御に必要な免疫メデイエーターの合成を阻害して本菌の拡大を助けている。O側鎖は*Brucella*の毒力と深く結びついている（Jimenez de Bagues *et al.*, 2004）。

(v) 食細胞の脱顆粒阻止

　LPSにより食細胞の脱顆粒を阻止して、細胞内生残を可能にする（Kreutzer *et al.*, 1979）。

(vi) 酸化的バースト阻止

　*B. abortus*は好中球内で酸化的バーストを阻止する。*B. abortus*のスムース

株はラフ型に比べて人および牛の多形核白血球白血球からの顆粒抽出物による酸素依存的殺菌により抵抗性である（Kreutzer et al., 1979）。

3）肝臓における原因菌の増殖開始に係る因子
（a）低酸化還元電位部の存在
　F. necrophorum subsp. *necrophorum*が増殖を開始するためには本菌の発育に必要な嫌気状態の部位の存在が不可欠である。既に見て来たようにLPSの肝臓障害一つを取って見てもLPSの直接的あるいは間接的な障害作用により、肝臓内に低酸化還元電位部が生じ本菌の増殖を可能にする。*F. necrophorum* subsp. *necrophorum*の増殖には不可欠の条件である。また、ロイコシジンは肝臓の実質細胞に障害を与え、血流の多い（好気的な）肝組織に嫌気的な環境を作り出す（Nagaraja et al., 1966）。

（b）付着素
　細菌が増殖するためにはターゲットとなる細胞に付着する必要がある。本菌の牛肝細胞への付着は本菌の赤血球凝集素によるものであり、付着素は牛の壊死桿菌症において病原学的に重要である（Kanoe and Iwaki, 1986）。
　病原性の強い*F. necrophorum* subsp. *necrophorum*が赤血球凝集性を有する。赤血球凝集性を有する親株を接種したマウスは肝膿瘍を形成してついには斃死するが、赤血球凝集能を消失した変異株を接種したマウスは生残する。宿主細胞への付着が本菌の感染にとって重要である事を示している（Shinjo and Kiyoyama 1986）。

4）病巣拡大に働く毒性因子
（a）溶血素（ヘモリジン）
　両亜種をマウスに接種して経日的に肝臓内のヘモリジンを定量的に測定したところ、ヘモリジンは菌接種翌日から証明され、すべての検査期に*F. necrophorum* subsp. *necrophorum*が高い赤血球凝集価を示した。また、ヘモ

リジンは接種7日後まで検出された（Shinjo et al.,1996）。溶血による赤血球の酸素運搬機能が悪くなり肝組織内の酸化還元電位が低下して、嫌気性菌である本菌の増殖を可能にする。また、ヘモリジンは菌の増殖が始まる直後から産生され、それによって、組織が障害され病巣が拡大していくことに係わっていると考えられる。

(b) ロイコシジン

ロイコシジンはウシの肝細胞毒性を有し、F. nerophorumの感染中、肝臓の壊死病変形成に関与している。ロイコシジンはF. nerophorum感染において病原的な役割を担い、病巣拡大に関与していると考えられる（Ishii et al., 1988）。好中球に毒性を有するので、その貪食能の低下をまねき、同時にその貪職能の低下が*Arcanobacterium pyogenes*などの菌の増殖を許し、感染が拡大する（Nagaraja et al., 1966）。また、ロイコシジンは反芻動物のマクロファージ、肝細胞に毒性を有するだけでなく、ルーメン上皮細胞に対しても毒性があり病巣拡大の可能性がある（Nagaraja et al., 2005）。

(c) その他の酵素

F. necrophorumの培養液中にホスホリパーゼB活性が存在し、菌の病原性と密接な関係があり、ヘモリジンおよびロイコシジンに関連する（Fifis et al., 1996）。

本菌のプロテアーゼは免疫グロブリンを分解する性質を有し、侵入菌が宿主の抗体による作用を回避し、組織内に侵入する際に役立つもおと考えられる（Nakagaki et al., 1991）。

F. nerophorumのコラーゲン溶解性細胞壁成分は牛の肝細胞膜を傷害して牛の肝障害に関与し、牛の肝膿瘍の進展において重要な病原因子であろう（Okamoto et al., 2007）。

Ⅵ章の文献
Ⅰ. 肝膿瘍形成に関与する宿主側要因

Aiumlamai, S.,Kindahl, H., Fredriksson, G., Edqvist, L.-E., Kulander, L. and Eriksson, O. Acta Vet. Scand., 33, 117-127（1992）

Anderson, P . H. Acta Vet. Scand., 44（Suppl 1），S141-S155（2003）

Anderson, P. H., Hesselholt, M. and Jarlov, N. Acta Vet. Scand.,35, 223-234（1994）

Bautista, A. P., Meszaros, K., Bojta, J. and Spitzer, J. J. J. Leukocyte Biol., 48, 123-128（1990）

Bautista, A. P. and Spitzer, J. J. Am. J. Physiol. Gastrointest. Liver Physiol., 259, G907-912（1990）

Bautista, A. P. and Spitzer, J. J. Hepatol., 21, 855-862（1995）

Brent, B. E. J. Anim. Sci., 43, 930-935（1976）

Brouwer, A., Parker, S. G., Hendriks, H. F. J., Gibbons. L. and Horan, M. A. Clin. Sci., 88, 211-217（1995）

Choda, Y., Morimoto, Y., Miyaso, H., Shinoura, S., Saito, S., Yagi, T., Iwagaki, H. and Tanaka, N. Eur. J. Gastroentrol. Hepatol., 16, 1017-1025（2004）

Curbertson, Jr. R., and Osburn, B. I. Vet. Sci. Commun., 4, 3-14（1980）

Dougherty, R. W., Coburn, K, S. Cook, H. M. and Allison, M. J. Am. J. Vet. Res., 36, 831-832（1975）

Emmanuel, D. G. V., Dunn, S. M. and Ametaj, B. N. J. Dairy Sci., 91, 60-614（2008）

Fell, B. F., Kay, M., Orskov, E. R. and Boyne, R. Res. Vet. Sci., 13, 30-36（1972）

Fell, B. F., Kay, M., Whitelaw, F. G. and Boyne, R. Res. Vet. Sci., 9, 458-466（1968）

Forrester, L. J., Campbell, B. J., Berg, J. N. and Barrett, J. T. J. Clin. Microbiol., 22, 245-249（1985）

Fox, E. S., Broitmann, S. A. and Thomas, P. Lab. Invest., 63, 733-741（1990）

Fujita, S., Arii, S., Monden, K., Adachi, Y., Funaki, N., Higashitsuji, H., Furutani, M., Mise, M., Ishiguro, S., Kitao, T., Nakamura, T. and Imamura, M. J. Surg. Res., 59, 263-270（1995）

Ganey, P. E. and Roth, R. A. Toxicology, 169, 195-208（2001）

Gozho, G. N., Krause, D. O. and Plaizier, J. C. J. Dairy Sci., 90, 856-866（2007）

Gozho, G. N., Krause, D. O. and Plaizier, J. C. J. Dairy Sci., 89, 4404-4423（2006）

Gozho, G. N., Plaizier, J. C., Krause, D. O., Kennedy, A. D. and Wittenberg, K. M. J. Dairy Sci., 88, 1399-1403（2005）

Hamada, E., Nishida, T., Uchiyama, Y., Nakamura, J., Isahara, K., Kazuo, H., Huang, T.

P., Momoi, T., Ito, T. and Matsuda, H. J. Hepatol., 30, 807-818 (1999)
Han, D. W. World J. Gastroenterol., 8, 961-965 (2002)
Hensen, R., Connell, W. E. and Deem, A.W. Am. J. Vet. Res., 15, 425-428 (1954)
Hewett, J .A., Jean, P. A., Kunkel, S. L. and Roth, R. A. Am. J. Physiol., 265, G1011-G1015 (1993)
Hewett, J.A., Schultze, E., VanCise, S. and Roth, R. Lab. Invest., 66, 347-361 (1992)
Hirose, M., Kiyoyama, H., Ogawa, H. and Shinjo, T. Vet. Microbiol., 32, 343-350(1992)
Iimuro, B., Yamamoto, M., Kohno, H., Itakura, J., Fujii, H. and Matsumoto, Y. J. Leukocyte Biol., 55, 723-728 (1994)
Jensen, R., Deane, H. M., Cooper, L. J., Miller, V. A. and Graham, W. R. Am. J. Vet. Res., 15, 202-216 (1954)
Jensen, R. and Mackey, D. R. Rumenitis-liver abscess complex. Diseases of feedlot cattle, 3rd ed., 80-84, Lea&Febiger, Philadelphia (1979)
Jorgensen, K. F., Sehested, J. and Vestergaad, M. Animal, 1, 797-803 (2007)
Kanoe, M., Izuchi, Y. and Toda, M. Jap. J. Vet. Sci., 40, 275-281 (1978)
Kanoe, M. and Yamanaka, M. J. Med. Microbiol., 29, 13-17 (1989)
Kanoe, M., Yamanaka, M. and Inoue, M. Med. Microbiol. Immunol., 178, 99-104(1989)
Kanoe, M., Matsumura, T. and Kai, K. Biomed. Lett., 47, 47-53 (1992)
Kato, M. J. Bacteriol., 112, 267-27 (1972)
Khatipour, E., Krause, D. O. and Plaizier, J. C. J. Dairy Sci., 92, 1060-1070 (2009a)
Khatipour, E., Krause, D. O. and Plaizier, J. C. J. Dairy Sci., 92, 1712-1724 (2009b)
Knolle, P. A. and Gerken, G. Immunol. Rev., 174, 21-34 (2000)
Leist, M., Gantner, F., Bohlinger, I., Tiegs, G., Germann, P. G. and Wendel, A. Am. J. Pathol., 146, 1220-1234 (1995)
Liang, X. B., Qiao, Z. D., Yin, L., Zhao, J. H. and Han, D. W. Zhughua Ganzanbing Zazhi, 7, 72-73 (1999)
Liu, L.X., Han, D. W. and Ma, X. H. Zhoughua Zhuanranbing Zazhi, 19, 94-96 (2001)
McCuskey, R. S., Urbaschek, R., McCuskey, P. A. and Urbaschek, B. Klin. Wochenschr., 60, 749-751 (1982)
McGivney, A. and Bradley, S. G. Infect. Immun., 25, 664-671 (1979)
McGiveney, A. and Bradley, S. G. Infect. Immun., 27, 102-106 (1980)
Mori, W. Histopathology, 5, 113-126 (1981)
Mori, W., Shiga, J. and Kato, A. Virchow Archiv : A, Pathological Anatomy and Histology, 382, 179-189 (1979)

元井葭子、臨床獣医、6, 21-27（1988）
元井葭子、臨床獣医、7, 21-28（1989）
元井葭子、獣畜新報、47, 235-239（1994）
Motoi, Y., Oohashi, T., Hirose, H., Hiramatsu, M., Miyazaki, S., Nagasawa, S. and Takahashi, J. J. Vet. Med. Sci., 55, 19-25（1993）
元井葭子、大橋　伝、広瀬　昶、谷口稔明、平松　都、長沢成吉、獣畜新報、45, 708-710（1992）
Nagaraja, T. G., Bartley, E. E., Fina, L. R. and Anthony, H. D. J. Animal Sci., 47, 1329-1336（1978a）
Nagaraja, T. G., Bartley, E. E., Fina, L. R., Anthony, H. D. and Bechtle, R.M. J. Anim. Sci., 47, 226-234（1978b）
Nagaraja, T. G. Bartley, E. E., Fina, L. R., Anthony, H, D., Dennis, S. E. and Bechtle, R. M. J. Anim. Sci., 46, 1759-1767（1978c）
Nagaraja, T. G., Fina, L. R., Bartley, E. E. and Anthony, H. D. Can. J. Microbiol., 24, 1253-1261（1978d）
Nagaraja, T. G. and Lechtenberg, K, F. Vet. Clin. North Am. Food Anim. Pract., 23, 335-350（2007）
Nagaraja, T. G. and Titgemeyer, E. C. J. Dairy Sci., 90（Suppl. 1）, E17-38（2007）
Nakajima, Y., Nakamura, k. and Takeuchi, S. Jpn. J. Vet. Sci., 47, 589-595（1985）
Nakajima, Y., Ueda, H. Yagi, Y., Nakamura, K., Motoi, Y. and Takeuchi, S. Jpn. J. Vet. Sci., 48, 509-515（1986）
Nakajima, Y., Uedam, H., Takeuchi, S. and Fujimoto, Y. J. Comp. Pathol., 97, 207-215（1987）
Nakajima, Y., Ueda, H. and Takeuchi, S. Am. J. Vet. Res., 49, 125-129（1988）
Narayanan, S. K., Nagaraja, T. G., Chengappa, M. M. and Stewart, G. C. Vet. Microbiol., 84, 337-356（2003）
Narayanan, S. K., Nagaraja, T. G., Okwumabua, O., Staats, J., Chengappa, M. M. and Oberst, R. D. Appl. Environ. Microbiol., 63, 4671-4678（1997）
Nolan, J. P. Hepatology, 1, 458-465（1981）
Nolan, J. P. and Camara, D. S. Immunol. Invest., 18, 325-337（1989）
Oberholzer, A., Oberholzer, C., Bahjat, F. R., Edwards, C. K. 3rd and Moldawer, L. L. J. Endotoxin Res., 7, 375-380（2001）
Owens, F. N., Secrist, D. S., Hill, W. J. and Gill, D. R. J. Anim. Sci., 76, 275-286（1998）
Rowland, A. C. Vet. Rec., 78, 713-716（1966）

Rowland, A. C. Anim. Prod., 12, 191-298 (1970)

Rowland, A. C., Wieser, M. F. and Preston, T. R. Anim. Prod., 11, 499-504 (1969)

Ruiter, D. J., van der Meulen, J., Brouwer, A., Hummel, M. J. R., Mauw, B. J., van der Ploeg, J. C. M. and Wisse, E. Lab. Invest., 45, 38-45 (1981)

Russell, J. B. and Rychlik, J. L. Science, 292, 1119-1122 (2001)

Schumer, W., Das Gupta, T. K., Moss, G. S. and Nyhus, L. M. Ann. Surg., 171, 875-882 (1970)

Secchi, A., Ortanderl, J.M., Schmidt, W., Gebhard, M. M., Martin, E. and Schmidt, H. J. Surg. Res., 89, 26-30 (2000)

Shibayama,Y. J Pathol., 151, 315-321 (1987)

Su, G. L. Am. J. Physiol. Gastrointest. Liver Physiol., 283, G256-265 (2002)

須田久也、平松 都、元井葭子、日畜会報、65, 1143-1149 (1994)

Suliman, H. S., Carraway, M. S. and Piantadosi, C. A. Am. J. Respir. Crit. Care Med., 17, 570-579 (2003)

Százados, I. and Takács, J. Acta Vet. Acad. Sci. Hungariae, 27, 415-426 (1979)

Tamate, H., Nagatani, T., Yoneya, S., Sakata, T. and Miura, J. Tohoku J. Agr. Res., 23, 184-195 (1973)

谷口稔明、元井葭子、佐藤真澄、田中省吾、大橋 伝、広瀬 昶、長沢成吉、獣畜新報、45, 281-282 (1992)

Van Bossuyt, H. and Wisse, E. Cell Tissue Res., 241, 205-214 (1998)

Wang, J. H., Redmond, H. P., Watson, R. W. G. and Bouchier-Hayes, D. Am. J. Physiol. Gastrointest. Liver Physiol., 269, G297-304 (1995)

Werling, D., Sutter, F., Arnold, M., Kun, G., Tooten, P. C. J., Gruys, E., Kreuzer, M. and Langhans, W. Res.Vet. Sci., 61, 252-257 (19 56)

Wieser, N. F., Prestone, T. R., Macdearmid, A. and Rowland, A. C. Anim. Prod., 8, 411-423 (1966)

Yamada, O., Moldow, C. F., Sacks, T., Craddock, P. R., Boogaerts, M. A. and Jacob, H. S. Inflammation, 5, 115-126 (1981)

Yee, S. B., Ganey, P.E. and Roth, R. A. Toxicol. Sci., 71, 124-132 (2003)

Yoshida, M., Ito,T., Miyazaki, S. and Nakajima, Y. Vet. Immunol. Immunopathol., 66, 301-307 (1998)

Yoshida, M., Nakajima, Y., Ito, T., Mikami, O., Tanaka, S., Miyazaki, S. and Motoi, Y. Vet. Immunol. Immunopathol., 58, 155-163 (1997)

Ⅱ．肝膿瘍に関与する菌側因子

Carlsson, J., Wrethen, J. and Beckman, G. Clin. Microbiol., 6, 280-284 (1977)
Coyle-Dennis, J.E. and Lauerman, L. H. Am J.Vet. Res., 39, 1790-1793 (1978)
Coyle-Dennis, J.E. and Lauerman, L. H. Am J.Vet. Res., 40, 274-276 (1979)
Emery, D. L., Vaughan, J. H. and Clark, B. L. Aust. Vet. J., 61, 382-386 (1984)
Emery, D. L., Vaughan, J. H., Clark, B. L., Duty, J.H. and Stewart, D. J. Aust. Vet. J., 62, 43-46 (1985)
Fales, W. H., Warner, J. F. and Teresa, G. W. Am. J. Vet. Res., 38, 491-495 (1977)
Fifis, T., Costopoulos, C. and Vaughan, J. A. Vet. Microbiol., 49, 219-233 (1996)
Gregory, E. M. and Dapper, C. H. J. Bacteriol., 144, 967-974 (1980)
Hassan, H. M., Bhatti, A. R. and White, L. A. FEMS Microbiol. Lett., 25, 71-74 (1984)
Hensen, R., Connell, W. E. and Deem, A.W. Am. J. Vet. Res., 15, 425-428 (1954)
Ishii, T., Kanoe, M., Inoue, T., Kai, K. and Blobel, H. Med. Microbiol. Immunol., 177, 27-32 (1988)
Jensen, R. and Mackey, D. R. Rumenitis-liver abscess complex. Diseases of feedlot cattle, 3rd ed., 80-84, Lea&Febiger, Philadelphia (1979)
Jimenez de Bagues, M. P., Terraza, A., Gross, A. and Dornand, J. Infect. Immun., 72, 2429-2433 (2004)
Kanafani, H. and Martin, S. E. J. Clin. Microbiol., 21, 607-610 (1985)
Kanoe, M., Ishii, T. and Kai, K. Microbios Letter, 35, 119-123 (1978)
Kanoe, M., Ishii, T., Mizutani, K. and Blobel, H. Zbl. Bakteriol. Hyg., A 261, 170-176 (1986)
Kanoe, M. and Iwaki, K. FEMS Microbiol. Lett., 35, 245-248 (1986)
Kanoe, M., Kitamoto, N. Toda, M. and Uchida, K. FEMS Microbiol. Lett., 25, 237-242 (1984)
Kreutzer, D. L., Dreyfus, L. A. and Robertson, D. C. Infect. Immun., 23, 737-743(1979)
Liang-Takahashi, C.-J., Mäkelä, P. H. and Leive, L. J. Immunol., 128, 1229-1235(1982)
Lynch M. C. and Kuramitsu H. K. Infect Immun., 67, 3367-3375 (1999)
宮崎修一、石井哲夫、辻　明良、北矢　進、金子康子、小川正俊、五島瑳智子、日細誌、41, 616-617 (1986a)
宮崎修一、辻　明良、石井哲夫、北矢　進、金子康子、五島瑳智子、日細誌、41, 535-539 (1986b)
元井葭子、臨床獣医、6, 21-27 (1988)
Nagaraja, T. G., Laudert, S. B. and Parrot, J. C. Comend. Cont. Educ. Pract. Vet.,

S230-S241 (1966)

Nagaraja, T. G., Narayanan, S. K., Stewart, G. C. and Changappa, M. M. Anaerobe, 11, 239-246 (2005)

Nakagaki, M., Fukuchi, M. and Kanoe, M. Microbios, 66, 117-123 (1991)

Nakayama K. J. Bacteriol., 176: 1939-1943 (1994)

Narayanan, S. K., Nagaraja, T. G., Chengappa, M. M., and Stewart, G. S. Vet. Microbiol., 84, 337-356 (2002a)

Narayanan, S. K., Stewart, G. C., Chengappa, M. M., Willard, L., Shuman, W., Wilkerson, M. and Nagaraja, T. G. Infect. Immun., 70, 4609-4620 (2002b)

Oelke, A. M., Nagaraja, T. G., Wilkerson, M. J. and Stewart, G. C. Anaerobe, 11, 123-129 (2005)

Okamoto, K., Kanoe, M., Inoue, M., Watanabe, T. and Inoue, T. Vet. J., 169, 308-310 (2005a)

Okamoto, K., Kanoe, M., Yaguchi, Y., Inoue, T. and Watanabe, T. Vet. J., 171, 380-382 (2005b)

Okamoto, K., Kanoe, M., Yamaguchi, Y., Watabnabe, T. and Inoue, T. Res Vet Sci., 82, 166-168 (2007)

Porte, F., Naroeni, A., Ouahrani-Bettache, S. and Liautard, J.-P. Infect. Immun., 71, 1481-1490 (2003)

Rittig, M. G., Kaufmann, A., Robins, A., Shaw, B., Sprenger, H., Gemsa, D., Foulongne, V., Rouot, B. and Dornand, J. J. Leukoc. Biol., 74, 1045-1055 (2003)

Rolfe, R. D., Hentges, D. J., Campbell, B. J. and Barrett, J. T. Appl. Environ. Microbiol., 36: 306-313 (1978)

Seyler, R. W., Jr., Olson, J. W. and Maier, R. J. Infect. Immun., 69, 4034-4040 (2001)

Shinjo, T., Fujisawa, T. and Mitsuoka, T. Int. J. Syst. Bacteriol., 41, 395-397 (1991)

Shinjo, T. and Kiyoyama, H. Jpn. J. Vet. Sci., 48, 523-527 (1986)

Shinjo, T., Misawa, N. and Goto, Y. APMIS, 104, 75-78 (1996)

Tadepalli, S., Stewart, G. C., Nagaraja, T. G. and Narayanan, S. K. J. Med. Microbiol., 57, 225-321 (2008)

Tally, F. P., Goldin, B. R., Jacobus, N. V. and Gorbach, S. L. Infect. Immun., 16, 20-25 (1977)

Tan, Z. L., Nagaraja, T. G. and Chengappa, M. M. Vet. Microbiol., 32, 15-28 (1992).

Tan, Z. L., Nagaraja, T. G., Chengappa, M. M. and Smith, J. S. Am. J. Vet. Res., 55, 515-521 (1994)

Ⅶ章

予防法

はじめに

　内因性（自発性）感染症である牛肝膿瘍においても、他発性感染症と同様、感染症の予防原則に基づく予防法が基本であると考える。感染の成立には感染源、感染経路および感受性宿主（感染臓器）が必要であり、それぞれに対して予防策を講ずることが肝心である。すなわち、感染源に対しては、ルーメン内における原因菌の増殖を抑制すること、感染経路に対しては、原因菌のルーメンから門脈系への移入を阻止すること、感受性臓器に対しては、ルーメンを正常に保つとともに、肝臓を原因菌が増殖不可能な状態に保つとともに宿主の免疫能増強を図ることである。

Ⅰ．感染源対策（原因菌対策）

1）抗生物質の飼料添加による第一胃内の原因菌の制御

　抗生物質投与によってルーメン内の*Fusobacterium necrophorum*数を減少させ、肝膿瘍の発生を抑制する方法が取られ、その中で*F. necrophorum*が感受性を有するタイロシンが飼料添加剤として用いられてきた。タイロシンは濃厚飼料給与のルーメン内*F. necrophorum*の菌数を減少させ、肝膿瘍罹患率も低下させた。肝膿瘍発生率の低下はルーメン内*F. necrophorum*の菌数の減少によるものと考えられる（Nagaraja *et al*., 1999b）。さらに、タイロシンは部分的に胃腸から吸収されるので、肝臓内で直接的な抗菌効果もあり得るとした（Nagaraja *et al*., 1999b）。

　タイロシンを飼料に添加して飼育すると肝膿瘍発生の抑制効果があるとの報告（Brown *et al*., 1973; Depenbush *et al*., 2008; Heinemann *et al*., 1978; Potter *et al*., 1985; Tan *et al*., 1994; Vogel and Laudert, 1994; Pendum *et al*., 1978）や重症化も防止できるとの報告（Brown *et al*., 1975; Meyer *et al*., 2009）もある。

　モネンシン単独投与では肝膿瘍予防効果はなかった（Depenbusch *et al*.,

2008）が、タイロシンと同時に投与すると、タイロシン単独投与時に比較して総肝膿瘍数が減少し、重症肝膿瘍数の出現も防止できた（Meyer et al., 2009）。

バージニアマイシンは濃厚飼料給与の増加に伴うF. necrophorumの菌数増加を防止し（Coe et al., 1999）、肝膿瘍発生率を減少させた（Rogers et al., 1995）。

クロルテトラサイクリン単独投与で、肝膿瘍予防効果があり（Matsushima et al., 1954; Wieser et al., 1966）、肝膿瘍が著しく減少した（Harvey et al., 1968）。クロルテトラサイクリンとタイロシントの連続投与は肝膿瘍制御に効果的（Brown et al., 1974）で、肝膿瘍の重症化も防止できた（Brown et al., 1975）。

バシトラシンは肝膿瘍予防に効果があった（Dinusson et al., 1964）。

2）ルーメンアシドーシスの予防によるルーメン内原因菌の増殖抑制

ルーメンアシドーシスの際はルーメン内で原因菌が増殖する。従って抗菌剤の飼料添加によってアシドーシスを制御して原因菌のルーメン内増殖を抑制することは原因菌対策である。またルーメンアシドーシスでは原因菌の門脈内への侵入が容易になり、ルーメンアシドーシスの予防は感染経路対策でもある。宿主をルーメンアシドーシスから守ることが肝膿瘍防止につながることから宿主対策でもある。宿主対策が最も重要と考えるのでルーメンアシドーシスについては宿主対策の項で詳述することとする。

3）エッセンシャルオイル投与によるルーメン内原因菌の制御

アラスカ杉心材のエセンシャルオイルは F. necrophorum の発育を抑制する（Johnston et al., 2001）ことが判明しているので、本エセンシャルオイル投与により第一胃内の原因菌の増殖を抑制する事が期待できると考える。

II. 感染経路対策

1）原因菌の門脈内侵入防止

　濃厚飼料多給によるルーメンの異常発酵のため、ルーメンアシドーシスが起こる。その際胃粘膜に損傷が生じて原因菌が門脈経由で肝臓へ移行し、肝膿瘍を形成すると考えられていて、ルーメンアシドーシスと肝膿瘍の関係についての報告は多い。肥育肉牛において第一胃炎は通常的におこるもので、損傷部より細菌、特に*F. necrophorum*が第一胃壁を通過して門脈に入り、肝臓に運ばれて感染の第二の感染病巣が形成される（Jensen *et al.*, 1954）。濃厚飼料多給により発生した乳酸による化学的な障害と鋭利な金属片などの異物による機械的傷害により急性第一胃炎が起こり原因菌の肝臓への侵入が可能となる（Jensen and Mackey, 1979）。初期の飼料濃度の急激な変化は乳酸アシドーシスを誘発し、引き続いて第一胃炎の原因となる。第一胃炎ではルーメン内の原因菌がルーメン壁を通過して、門脈循環に入り、肝膿瘍形成へと続く。牛ではグルーミング中に嚥下した被毛もルーメン壁を貫通して菌の通過を助ける（Brent, 1976）。

　揮発性脂肪酸の蓄積と不十分な第一胃緩衝能のために起る亜急性ルーメンアシドーシスでは第一胃のpHが低下する。そのため第一胃粘膜が損傷を受け、粘膜のバリヤー機能が低下し、原因菌が門脈内に移行して、肝臓に達して膿瘍が形成される（Plaizier *et al.*, 2009）。急性（乳酸）アシドーシスは第一胃内pHの低下と浸透圧の著しい増加のため、粘膜のバリヤー機能が低下し、原因菌は第一胃壁を突破して門脈血に移行し肝臓に達して膿瘍を形成する（Owens *et al.*, 1998）。

　上記のように第一胃内の原因菌が胃粘膜を貫通して門脈内に侵入するのはルーメンアシドーシスや異物などによる第一胃に障害が派生している時であり、したがって第一胃の損傷を予防する良好な飼育管理が必要である。

2) ルーメンアシドーシスの予防

　急性であれ亜急性であれルーメンアシドーシスは第一胃粘膜のバリヤー機能を障害し、ルーメン内の細菌の門脈内への流入を可能にし、肝膿瘍へと導く。ルーメンアシドーシスの制御は肝膿瘍を予防することにつながる。前述のようにルーメンアシドーシスはルーメン内原因菌の増加、ルーメン壁の損傷による原因菌の門脈内への移行が容易となる。そのためにはルーメンアシトーシスから宿主を守る事が最も需要であり、肝膿瘍予防の需要なポイントとなる。次項の宿主対策で詳述することとする。

III. 宿主対策

1) ルーメンアシドーシス対策

　既述のようにルーメンアシドーシスはルーメン内における肝膿瘍原因菌の増殖や原因菌の門脈内への侵入と深く係わっている。従ってルーメンアシドーシスの制御が肝膿瘍の予防にとって非常に大切である。

(a) 抗菌剤投与による乳酸産生菌の抑制

　乳酸産生菌および揮発性脂肪酸産生菌を抗生物質により抑制して、ルーメンアシドーシスの発生あるいは重症化を防止しようとするものである。とくにイオノホアが用いられている。ラサドシルおよびモネンシンはルーメン内乳酸産生菌を減少させルーメンアシドーシスを回避したが、ラサドシルがより効果的であった（Dennis *et al*., 1981）。ラサドシルおよびモネンシンは*Streptococcus bovis, Lactobacillus* spp. 以外の乳酸産生菌の発育を阻止する（Nagaraja *et al*., 1982）。ラサドシル、モネンシンおよびチオペプチンの投与は乳酸産生菌である*S. bovis*と*Lactobacillus* spp. の菌数を有意に減少させ、ルーメン内の低い乳酸濃度と高いルーメン内pH値を示した（Nagaraja *et al*., 1982）。

　テトロナシン（tetronasin）とモネンシンは*in vitro*で乳酸産生菌である*S.*

*bovis*と*Lactobacillus* spp.の発育を阻止し、一方で*Megasphaera elsdenii*を含む多くの乳酸利用菌の増殖を促した（Newbold *et al.*, 1988）。

　バージニアマイシンは肝膿瘍の発生率を下げ、重症化を防いだ。それはルーメン内の乳酸産生菌に対するバージニアマイシンの阻止活性が第一胃炎とそれに続く肝膿瘍の形成を減少させたことによる（Rogers *et al.*, 1995）。バージニアマイシンはルーメン内の乳酸産生菌の発育を阻害する（Nagaraja *et al.*, 1987）ことにより、高穀類（濃厚飼料）給与牛における採食の安定化、第一胃炎、ルーメンアシドーシスおよび肝膿瘍の発生率の低下に役立っていることを示唆している（Rogers *et al.*, 1995）。バージニアマイシンはルーメン内の乳酸産生菌の発育を抑制することによって、急速な乳酸発酵を緩和させ、ルーメンアシドーシスの頻度を低下させる（Coe *et al.*, 1999）。

　レルドマイシンはルーメンアシドーシスを予防しないが、重症化は防止する（Bauer *et al.*, 1995）。

(b) エセンシャルオイル投与による乳酸産生菌の抑制

　近年、家畜生産において抗生物質と発育促進剤の使用が増加している。抗生物質は耐性菌の問題、ミルク内残留など公衆衛生上の問題などがあって、EUは抗生物質の飼料添加を禁止した。その代替添加物として植物抽出物であるエセンシャルオイルが検索の対象となった（Cardozo *et al.*, 2006）。エセンシャルオイルはグラム陽性菌およびグラム陰性菌に抗菌活性を示す。

　飼料にエセンシャルオイルを添加するとルーメン内pHが上昇した（Benchaar *et al.*, 2006）。また、カルバクロール、チモール、ユーゲノールはルーメン発酵に影響を与え、pHは上昇し、酪酸の増加とプロピオン酸の減少がみられた（Benchaar *et al.*, 2007）。植物抽出物を注意深く選択し、単独であるいは組み合わせて使用すればルーメン内微生物発酵を調節することができた。全揮発性脂肪酸は減少し、ルーメン内pHは上昇した（Busquet *et al.*, 2006）。

　チモールは*S. bovis*と*Seremonas ruminantium*によるブドウ糖発酵を阻止し

て、メタンと乳酸濃度を低下させ、ルーメンpHを上昇させた（Evans and Martin, 2000）。

(c) 生菌剤投与によるルーメン発酵正常化

アシドーシス防止のための抗生物質に代わる方法としてプロバイオテイックス投与による発酵正常化が試みられている。*M. elsdenii*をプロバイオテイックスとして投与すると牛ルーメン内の乳酸濃度が低下した（Klieve *et al.*, 2003）。*M. elsdenii*を発酵性炭水化物を含む飼料に添加して牛に投与するとルーメン内乳酸の蓄積を防止し、高濃度濃厚飼料に適応する期間を短縮できた（Kung and Hession, 1995）。*M. elsdenii*はルーメン内乳酸蓄積の予防に中心的な役割を有する（Nagaraja and Titgemeyer, 2007）。プロバイオテイックスは亜急性ルーメンアシドーシスにおいてpHの低下と乳酸の蓄積の防御に大きく貢献した（Meissner *et al.*, 2010）。

(d) 乳酸産生菌に対する免疫

*S. bovis*と*Lactobacillus*の混合ワクチンを牛に接種することにより高い抗体価で長期の抗体応答が誘導され、それによってルーメン内の乳酸の蓄積が減少し、乳酸アシドーシスが改善された（Shu *et al.*, 1999）。*S. bovis*と*Lactobacillus*の生菌を免疫原として牛を免疫し、血中抗体価、糞便内pH、ルーメン内pHと両菌のルーメン内菌数を試験した結果、糞便内pHは実験期間中高く、ルーメン内菌数は有意に低く、両菌に対する抗体は長期間持続した。両菌は免疫により完全には除去されず、通常の澱粉発酵には十分な菌数は残存した（Shu *et al.*, 2000b）。羊においても*S. bovis*の生ワクチン接種で乳酸アシドーシスは軽減された（Shu *et al.*, 2000a）。*S. bovis*の生菌および死菌で羊を免疫すると乳酸アシドーシスは減少したが、生菌が効果的であった（Gill *et al.*, 2000）。

(e) S. bovisの抗体投与による乳酸産生菌の制御

　主要な乳酸産生菌であるS. bovisの抗体投与はアシドーシス制御に効果的であった（Blanch et al., 2009）。ルーメンアシドーシスの発症に重要な役割を持っているS. bovisの菌数を同菌の抗体投与によって減少させることができた（DiLorenzo et al., 2006）。S. bovisの抗体はルーメン発酵にさらなる影響を与えることなしに同菌の菌数を減少させた（DiLorenzo et al., 2005）。

(f) 重曹などによるルーメン内pHの調整

　重曹（$NaHCO_3$）あるいは酢酸ナトリウム（$CH_3cooNa・3H_2O$）を飼料に添加することによってルーメン内のpHを適正にし、重曹添加群ではルーメンの角化亢進、乳頭凝集および第一胃炎の病変は無視出来る程に減少させた。酢酸ナトリウム群は重曹と対照の中間の成績であった（Kay et al., 1969）。

(g) 異物による炎症反応の防止

　ルーメンの病的変化はルーメン内pHの低下により、上皮と（粘膜）固有層の肥厚に始まる。上皮と間質の増殖による粘膜雛壁の形成が壊死組織片や異物を捉えて肥厚はさらに進行する。トラップされた被毛は上皮を貫通して炎症反応の原因となる（Brent, 1976）。また、大麦飼育牛の胃粘膜に被毛の貫通による病変が存在した（Fell et al., 1968）。これらを防止するためには飼育管理に留意する。

2) 肝臓障害因子の除去

　牛やマウスにおけるF. necrophorum感染実験で肝膿瘍を形成させるためには10^7/ml以上の生菌数が必要である。それ以下では形成されない。しかし、マウスにおける実験で肝臓に障害がある場合は通常では肝膿瘍が形成されない少ない菌数でも形成される。膿瘍形成に十分な菌数の場合では肝臓の状態に関わらず膿瘍が形成され、不十分な菌数の場合は低菌数でも菌が増殖できる何らかの障害が肝臓に存在することが必要である。後者の場合、菌の侵入

を膿瘍形成の必要条件と呼び、肝臓の条件を十分条件と呼び、この2条件が揃った時に膿瘍が形成されることもあると考えた。肝膿瘍の予防を考える際には肝臓障害因子の除去も重要となる。筆者は肝臓傷害因子としてエンドトキシンが最も重要と考えているので、まずエンドトキシンについて述べることとする。

(a) ルーメン内エンドトキシンの産生抑制

エンドトキシンは第一胃内のグラム陰性菌の死滅あるいは崩壊により菌体から放出され普通に第一胃に存在する (Nolan, 1981; Nagaraja and Lechtenberg, 2007; Nagaraja et al., 1978c)。

過栄養飼育 (Anderson et al., 1994)、濃厚飼料給与区 (Motoi et al., 1993) あるいは高炭水化物給餌 (Anderson, 2003) でルーメン内エンドトキシンが増加する。また、ルーメンアシドーシスの際もルーメン内エンドトキシンが増加する (Nagaraja et al., 1978a; Nagaraja and Lechtenberg, 2007; Gozho et al., 2007; Gozho et al., 2006; Khatipour et al., 2009a; Khatipour et al., 2009b; 須田ら、1994)。

ルーメン内エンドトキシン濃度は投与飼料の種類により異なり、茎葉飼料飼育牛に比べて穀類飼育牛が高く (Nagaraja et al., 1978d)、穀類飼育期間中は乾草飼育時に比べて有意に増加した (Gozho et al., 2005)、また、添加飼料による毒力の違いもある。穀類飼育牛由来のルーメン細菌のエンドトキシンは同じ方法で抽出した乾草飼育牛のルーメン細菌由来のエンドトキシンよりより強い内毒素毒性を示した (Nagaraja et al., 1978b)。

従って肝膿瘍の予防のためにはルーメン内のエンドトキシンの産生を抑制する必要があり、エンドトキシン産生を減少させる飼育法を志す必要がある。

(b) エンドトキシンの門脈内への移行抑制

エンドトキシンは門脈経由で肝臓に流入する (Knolle and Gerken, 2000; Ganey and Roth, 2001)。ルーメンアシドーシスは胃腸からのエンドトキ

シンの吸収を助ける（Aiumlamai, 1992; Anderson, 2003; 須田ら、1994; Khatipour *et al.*, 2009 a; Khatipour *et al.*, 2009b）。ルーメン内の大量のエンドトキシンと広い吸収表面の可能性からルーメンはエンドトキシン吸収の門戸であろう（Nagaraja and Titgemeyer, 2007）。

第一胃内のエンドトキシンは門脈経由で肝臓に達して、直接障害、サイトカインを介する障害あるいは微小循環障害など肝臓に障害を与え、嫌気性菌の増殖に必要な酸化還元電位の低い場を作り出す。

上記の論文で報告されているようにルーメン内で産生されたエンドトキシンが門脈内に流出するのは飼育管理のミスによるものである。給餌法などの改善により飼育管理の改良を図る事がエンドトキシンの移行を防ぐ方策となる。

3）免疫学的予防
(a) 全菌（生菌、死菌）による免疫

*F. necrophorum*の死菌ワクチンは牛において肝膿瘍の重症化の軽減に有効であり（Checkley *et al.*, 2005）、*F. necrophorum*のホルマリン死菌の反復免疫により、接種された菌がマウスの肝臓、肺および脾臓から排除され、肝臓では膿瘍が形成されなかった（Abe *et al.*, 1976）。また、*F. necrophorum*のエタノール死菌ワクチンはマウスにおいて感染による致死を遅らせた（Conlon *et al.*, 1977）。

ホルマリン不活化菌液を接種されたウサギで抗体が産生されたが、免疫は十分ではなく、効果的な防御は毒素を中和することのできる抗体を誘導するワクチンが必要であろうとした（Roberts, 1970）。*F. necrophorum*と*Arcanobacteium pyogene*の両菌のバクテリンで免疫されたウサギで両菌の感染を防御できなかった（Cameron and Fuls, 1977）。

(b) 培養上清による免疫

培養上清とアジュバントで牛を免疫すると肝膿瘍形成抑制効果があり、

この際高い抗ロイコトキシン抗体が産生され、実験的肝膿瘍が防止された（Saginala et al., 1996a）。F. necrophorumの培養上清が全培養菌液や半精製ロイコトキシンより実験的肝膿瘍誘導において最もよく感染を防御した（Saginala et al., 1996b）。また、F. necrophorumの培養上清は実験的肝膿瘍形成においてある程度の防御能を示した（Saginala et al., 1997）。」

ゲル濾過により部分精製したロイコシジンで牛を免疫すると自然発生および感染実験において感染を有意に防御した。ロイコシジンはロイコシジン中和抗体を産生し、ロイコシジン活性を中和した（Emery et al., 1986）。

牛におけるF. necrophorumの感染実験において、抗体が上昇した。その抗体はF. necrophorumの培養上清と反応したが、LPSや細胞質分画とは反応しなかった（Takeuchi et al., 1984）。

F. necrophorumのロイコトキシン遺伝子の組み換えポリペプチドをアジュバントとともにマウスに接種すると肝膿瘍形成が阻止され、肝臓内の菌数も減少した（Narayanan et al., 2003）。

生物型ＡＢ（F. necrophorum subsp. necrophorum）および生物型Ｂ（F. necrophorum subsp. funduliforme）の菌体から調製した外膜タンパクによる免疫は生物型Ｂの感染は防御できたが、生物型ＡＢの攻撃は防御し得なかった。LPSを含みロイコトキシン活性を主とする生物型ＡＢ培養菌液のゲル濾過により調整された材料のみが生物型ＡＢのホモの攻撃に対して有意な免疫を有した。しかしながら、ロイコシジンに対して高い中和抗体価を有する牛とウサギの血清を接種したマウスで受身免疫は成立しなかった（Emery and Vaughan, 1986）。

(c) 細胞質分画トキソイドによる免疫

細胞質分画トキソイドで牛を免疫すると肝膿瘍の発生を減少させることができた（Garcia et al., 1974）。同様に細胞質分画トキソイドの接種により免疫された羊はF. necrophorumの攻撃で膿瘍は形成されなかった。また、F. necrophorumの細胞質分画トキソイドの接種により免疫されたマウスでは肝

臓からの菌の排除が促進された。

(d) *F. necrophorum*の抗体投与による肝膿瘍の重症化防止

　*F. necrophorum*の抗体投与により肝膿瘍の重症化が防止された（Dilorenzo *et al.*, 2008）

(e) *Arcanobacterium pyogenes*－*Fusobacterium necrophorum*トキソイドワクチンによる免疫

　*A. pyogenes*のヘモリジンと*F. necrophorum*のロイコトキシンの混合トキソイドワクチンはフィードロット牛において肝膿瘍の発生を減少させた（Jones *et al.* 2004）。

4）宿主の免疫能増強
(a) エセンシャルオイルよる免疫能増強

　ユーカリ油は免疫刺激性があり、単球とマクロファージが最も影響を受けて食作用活性が顕著に増加する（Sadlon and Lamson, 2010）。ユーカリ油は人単球由来のマクロファージの活性化を誘導してマクロファージの食菌反応を劇的に刺激する。ユーカリ油により活性化されたマクロファージの増加した食菌能はIL-4、IL-6およびTNF-αなどの炎症性サイトカインが低下したためである（Serafino *et al.*, 2008）。ユーカリ油は量依存的にマクロファージの食菌活性を刺激する。食菌能の増加はIL-4、IL-6およびTNF-αの放出の低下と連結している。IL-4は共役リノレイン酸飼料添加マウスで減少し、IL-2とIL-2／IL-4比は増加した（Yang and Cook, 2003）。

　ユーカリ油は単球およびマクロファージの細胞数を増やし、食作用を活性化する。炎症時におけるIL-4、IL-6、TNF-αおよびNF-κBの有意な減少および阻止があり、好中球などの炎症性細胞の浸潤を有意に低下させる。IL-4, IL-6およびTNF-αを有意に上昇させるLPSの炎症作用を軽減させる。シオネールは人のリンパ球および単球からの サイトカイン（TNF-α、IL-1β、

IL-4、IL-5、IL-6、IL-8、LTB-4、PGE$_2$、TXB$_2$)の産生を阻害する。IL-2、IL-10あるいはTNF-γには無影響であった(Sadlon and Lamson, 2010)。

　大麦とリノレイン酸の豊富なヒマワリ種子を含む飼料で牛を肥育すると肝膿瘍の発生率が低下し、重症肝膿瘍が減少した。リノレイン酸は体内で共役リノレイン酸となり、小腸から吸収され組織に蓄積される(Gibb et al., 2004)。

　リノレイン酸を豊富に含むヒマワリ種子油の飼料添加は組織内の共役リノレイン酸が増加し、その濃度は肝臓が最も高く、次いで皮下脂肪と筋肉であった(Ivan et al., 2001)。共役リノレイン酸を飼料に補足すると若齢マウスは無添加飼料給与マウスに比べて脾細胞のIL-2産生性は有意に高かった(Hayek et al., 1999)。共役リノレイン酸は免疫機能を調節する。マウスにおいてリンパ球増殖とIL-2産生が増加した。共役リノレイン酸はブロイラーでリンパ球の増殖を促進し、ラットではTNF-αとIL-6を減少させた。マウスでは両者を増加させた(O'Shea et al., 2004)。共役リノレイン酸はラットにおいてフィトヘマアグルチニン反応および貪食能を高めた(Cook et al., 1993)。

5) 牛の飼養管理
(a) ビタミンAの補給
　従来の飼育法あるいは濃厚飼料育法の両者において肝臓内ビタミンAの低下が肝膿瘍発症の誘因となるのでビタミンAの補給に留意する(Rowland, 1970)

Ⅶ章の文献
Ⅰ. 感染源対策
Brown, H., Bing, R. F., Grueter, H. P., McAskill, J. W. Cooley, C. O. and Rathmacher, R. P. J. Anim. Sci., 39, 233 (1974)

Brown, H., Bing, R. F., Grueter, H. P., McAskill, J. W., Cooley, C. O. and Rathmacher, R. P. J. Anim. Sci., 40, 207-213 (1975)

Brown, H., Elliston, N. G., McAskill, J. W., Muerster, D. A. and Tonkinson, L. V. J. Anim. Sci., 37, 1085-1091 (1973)

Coe, M. L., Nagaraja, T. G., Sun, Y. D., Walace, N., Towne, E. G., Kemp, K. E. and Hutchesen, J. P. J. Anim. Sci., 17, 2259-2268 (1999)

Depenbusch, B. E., Drouillard, J. S., Loe, E. R., Higins, T. T., Corrigan, M. E. and Quinn, M. J. J. Anim. Sci., 86, 2270-2276 (2008)

Dinusson, W. E., Haugse, C. N., Erickson, D. O. and Buchanan, L. J. Anim. Sci., 23, 873 (1964)

Haevey, R. W., Wise, M. B., Blumer T. N. and Barricj, E. R. J. Anim. Sci., 17, 1438-1444 (1968)

Heinemann, W. W., Hanks, E. M. and Young. D. C., J. Anim. Sci., 47, 34-40 (1978)

Johnston, W. H., Karchesy, J. J., Constantine, G. H. and Craig, A. M. Phytother. Res., 15. 586-588 (2001)

Matsushima, J., Dowe, T. E. and Adams, C. H. Proc. Soc. Exp. Biol. Med., 85, 18-20 (1954)

Meyer, N.F., Erickson, G. E., Klopfenstein, T. J., Greenkist, M. A., Luebbe, M. K., Williams, P. and Engstrom, M. A. J. Anim. Sci., 87, 2346-2354 (2009)

Nagaraja, T. G., Sun, Y. D., Wallace, N., Kemp, K. E. and Parrott, C. J. Am. J. Vet. Res., 60, 10, 61-1065 (1999).

Pendum, L. C., Boling. J. A. and Bradley, N. W. J. Anim. Sci., 47, 1-5 (1978,)

Potter, E. L., Wrag, M. I., Muller, R. D., Grueter, H. P., McAskill, J. and Young, D. C. J. Anim. Sci., 61, 1058-1065 (1985)

Rogers, J. A., Branine, M. E., Miller, C. R., Wray, M. I., Bartle, S. J., Preston, R. L., Gill, D. R., Pritchard, R. H., Stilborn, R. P. and Bechtol, D. T. J. Anim. Sci., 73, 9-20 (1995)

Tan, Z. L., Lechtenberg, K. F., Nagaraja, T. G., Chengappa, M. M. and Brandt, R. T., Jr. J. Anim. Sci., 72, 502-508 (1994)

Vogel, G. J. and Laudert, S. B. J. Anim. Sci., 72 (Suppl. 1), 293 (Abstr.), (1994)

Wieser, N. F., Prestone, T. R., Macdearmid, A. and Rowland, A. C. Anim. Prod., 8, 411-423 (1966)

Ⅱ．感染経路対策

Brent, B. E. J. Anim. Sci., 43, 930-935, 1976.

Jensen, R., Connell, W. E. and Deem, A.W. Am. J. Vet. Res., 15, 425-428 (1954)

Jensen, R. and Mackey, D. R. Rumenitis-liver abscess complex. Diseases of feedlot cattle, 3rd ed., 80-84, Lea&Febiger, Philadelphia (1979)

Owens, F. N., Secrist, D. S., Hill, W. J. and Gill, D. R. J. Anm. Sci., 76, 275-286 (1998)

Plaizier, J. C., Krause, D. O., Gozho, G. N. and McBride, B. W. Vet. J., 176, 21-31(2009)

III. 宿主対策

Abe, P. M., Lennard, E. S. and Holland, J. W. Infect. Immun., 13, 1473-1478 (1976)

Aiumlamai, S., Kindahl, H., Fredriksson, G., Edqvist, L.-E., Kulander, L., and Eriksson, O. Acta Vet. Scand., 33, 117-127 (1992)

Anderson, P . H. Acta Vet. Scand., 44 (Suppl 1), S141-S155 (2003)

Anderson, H., Bergelin, B. and Christensen, K. A. E. J. Anim. Sci., 72, 487-491 (1994)

Bauer, M. L., Herald, D. W., Britton, R. A., Stock, R. A., Klopfenstein, T. T. and Yates, D. A. J. Anim. Sci., 73, 3445-3454 (1995)

Benchaar, C., Chaves, A. V., Fraser, G. R., Wang, Y., Beauchemin, K. A. and McAllister, T. A. Can. J. Anim. Sci., 87, 413-419 (2007)

Benchaar, C., Petit, H. V., Berthiaume, R., Whyte, T. D. and Chouinard, P. Y. J. Dairy Sci., 89, 4352-4364 (2006)

Blanch, M., Calsamiglia, S., DiLorenzo, N., DiCostanzo, A., Muetzel, S. and Wallace, R. J. J. Anim. Sci., 87, 1722-1730 (2009)

Brent, B. E. J. Anim. Sci., 43, 930-935 (1976)

Busquet, M., Calsamiglia, S., Ferret, A. and Kamel, C. J. Dairy Sci.,89, 761-771 (2006)

Cameron, C. M. and Fuls, W. J. P. J. Vet. Res., 44, 253-256 (1977)

Cardozo, P. W., Calsamiglia, S., Ferret, A. and Kamel, C. J. Anim. Sci., 84, 2801-2808 (2006)

Checkley, S. L., Janzen, E. D., Campbell, J. R. and McKinnon, J. J. Can. Vet. J., 46, 1002-1007 (2005)

Coe, M. L., Nagaraja, T. G., Sun, Y. D., Wallace, N., Towne, E. G., Kemp, K. E. and Hutchesen, J. P. J. Anim. Sci., 17, 2259-2268 (1999)

Conlon, P. J., Hepper, K. P. and Teresa, G. W., Infect. Immun., 15, 510-517 (1977)

Cook, M. E., Miller, C. C., Park, Y. and Pariza, M. Poul. Sci., 72, 1301-1305 (1993)

Dennis, S. M., Nagaraja, T. G. and Bartley, E. E. J. Dairy Sci., 64, 2350-2356, (1981)

DiLorenzo, N., Dahlen, C. R., Die-Gonzalez, F., Lamb, G. C., Karson, J. E. and DiCostanzo, A. J. Anim. Sci., 86, 3023-3032 (2008)

DiLorenzo, N., Diez-Gonzalez, F. and DiCostanzo, A. J. Anim. Sci., 84, 2178-2185

（2006）

DiLorenzo, N., Gill, R. K., Diez-Gonzalez, F., Larson, J. E. and . DiCostanzo, A. J. Dairy Sci., 88（Suppl. 1), 51（Abstract）(2005)

Emery, D. L., Edwards, R. D. and Rothel, J. S., Vet. Microbiol., 11, 357-372（1986）

Emery, D. L. and Vaughan, J. A. Vet. Microbiol., 12, 255-268（1986）

Evans, J. D. and Martin, S. A. Curr. Microbiol., 41, 336-340（2000）

Fell, B. F., Kay, M., Whitelaw, F. G. and Boyne, R. Res. Vet. Sci., 9, 458-466.（1968）

Gancy, P. E. and Roth, R. A. Toxicology, 169, 195-208（2001）

Garcia, M. M., Dorward, W. J., Alexander, D. C., Magwood, S. E. and McKay, K. A. Can. J. Comp. Med., 38, 222-226（1974）

Gibb, D. J., Owens, F. N., Mir, P. S., Mir, Z., Ivan, M. and McAllister, T. A. J. Anim. Sci., 82, 2679-2692（2004.）

Gill, H. S., Shu, Q. and Leong, R. A. Vaccine, 18, 2541-2548（2000）

Gozho, N., Gozho, G. N., Plaizier, J. C., Krause, D. O., Kennedy, A. D. and Wittenberg, K. M. J. Dairy Sci., 88, 1399-1403（2005）

Gozho, G. N., Krause, D. O. and Plaizier, J. C. J. Dairy Sci., 89, 4404-4423（2006）

Gozho, G. N., Krause, D. O. and Plaizier, J. C. J. Dairy Sci., 90, 856-866（2007）

Hayek, M. G., Han, S. N., Wu, D., Watkins, B. A., Meydani, M., Dorsey, J. L., Smith, D. E. and Meydani, S. N. J. Nutr. 129, 32-38（1999）

Ivan, M., Mir, P. S., Koenig, K. M., Rode, L. M., Neil, L., Eutz, T. and Mir, Z. Small Rumin Res., 41, 215-227（2001）

Jones, G., Jayappa, H., Hunsaker, B., Sweeney, D., Rap-Gabrielson, V., Wasmoen, T., Nagaraja, T. G., Swingle, S. and Branine, M. Bovine Pract., 38, 36-44（2004）

Kay, M., Fell, B. F. and Boyne, R. Res. Vet. Sci., 10, 181-187（1969）

Khatipour, E., Krause, D. O. and Plaizier, J. C. J. Dairy Sci., 92, 1060-1070,（2009a）

Khatipour, E., Krause, D. O. and Plaizier, J. C. J. Dairy Sci., 92, 1712-1724（2009b）

Klieve, A. V., Hennesy, R., Ouwerkerk, D., Foster, R. J., Mackie, R. I. and Attwood, G. T. Appl. Microbiol., 95, 621-630（2003）

Knolle, P. A. and Gerken, G., Immunol. Rev., 174, 21-34（2000）

Kung, L. and Hession, A. O. J. Anim. Sci., 73, 250-256（1995）

Meissner, H. H., Henning, P. H., Horn, C. H., Leeuw, J. K., Hagg, F. M. and Fouche, G. South African J. Anim. Sci., 40, 79-100（2010）

Motoi, Y., Oohashi, T., Hirose, H., Hiramatsu, M., Miyazaki, S., Nagasawa, S. and Takahashi, J. J. Vet. Med. Sci., 55, 19-25（1993）

Nagaraja, T. G., Avery, T. B., Bartley, E. E., Roof, S. K. and Dayton, A. D. J. Anim. Sci., 54, 649-658, (1982)

Nagaraja, T. G., Bartley, E. E., Fina, L. R. and Anthony, H. D. J. Anim. Sci., 47, 1329-1337 (1978a)

Nagaraja, T. G., Bartley, E. E., Fina, L. R., Anthony, H. D. and Bechtle, R. M. J. Anim. Sci., 47, 226-234 (1978b)

Nagaraja, T. G. Bartley, E. E., Fina, L.R., Anthony, H, D., Dennis, S. E. and Bechtle, R. M. J. Anim. Sci., 46, 1759-1767 (1978c)

Nagaraja, T. G., Fina, L. R., Bartley, E. E. and Anthony, H. D. Can. J. Microbiol., 24, 1253-1261 (1978d)

Nagaraja, T. G. and Lechtenberg, K, F. Vet. Clin. North Am. Food Anim. Pract., 23, 335-350 (2007)

Nagaraja, T. G., Taylor, M. B., Harmon, D. L. and Boyer, J. E. J. Anim. Sci., 65, 1064-1076 (1987)

Nagaraja, T. G. and Titgemeyer, E. C. J. Dairy Sci., 90 (Suppl. 1), E17-38 (2007)

Narayanan, S. K., Chengappa, M. M., Stewart, G. C. and Nagaraja, T. G. Vet. Microbiol., 93, 335-347 (2003)

Newbold, C. J. and Wallace, R. J. Appl. Environ. Microbiol., 54, 2981-2985 (1988)

Nolan, J. P. Hepatology, 1, 458-465 (1981)

O' Shea, M., Bassaganya-Riera, J. and Mohede, I. C.M. Am. J. Clin. Nutr., 79 (suppl), 1199S-1206S (2004)

Roberts, D. S. J. Comp. Pathol., 80, 247-257 (1970)

Rogers, J. A., Branine, M. E., Miller, C. R., Wray, M. I., Bartle, S. J., Preston, R. L., Gill, D. R., Pritchard, R. H., Stilborn, R. P. and Bechtol, D. T. J. Anim. Sci., 73, 9-20 (1995)

Rowland, A. C. Anim. Prod., 12, 291-298 (1970).

Sadlon, A. E. and Lamson, D. W. Altern. Med. Rev., 15(1), 33-47 (2010)

Saginala, S., Nagaraja, T. G., Lechtenberg, K. F., Chengappa, M. M., Kemp, K. E. and Hine, P. M. J. Anim. Sci., 75, 1160-1166 (1997)

Saginala, S., Nagaraja, T. G., Tan, Z. L., Lechtenberg, K. F., Chengappa, M. M. and Hine, P. M. Vet. Res. Comm., 20, 493-504 (1996a,)

Saginala, S., Nagaraja, T. G., Tan, Z. L., Lechtenberg, K. F., Chengappa, M. M., Kemp, K. E. and Hine, P. M. Am. J. Vet. Res., 57, 483-488 (1996b)

Serafino, A., Vallevona, P. S., Andreola, F., Zonfrillo, M., Mercuri L., Federici, M.,

Rasi, G., Garaci, E. and Pirimarchi, P. BMC Immunol., 9, 17-23 (2008)

Shu, Q., Gill, H. S., Hennessy, D. W., Leng, R. A., Bird, S. H. and Rowe, J. B. Res. Vet. Sci., 67, 65-71 (1999)

Shu, Q., Gill, H. S., Leng, R. A. and Rowe, J. B. Vet. J., 159, 262-269 (2000a)

Shu, Q., Hillard, M. A., Bindon, B. W., Duan., Xu, Y., Bird, S. H., Rowe, J. B., Oddy, Y. H. and Gill, H. S. Am. J. Vet. Res., 61, 839-843 (2000b)

須田久也、平松　都、元井葭子、日畜会報、65、1143-1149（1994）

Takeuchi, S., Nakjima, Y., Ueda, H., Motoi, Y., Kobayashi, Y. and Morozumi, T. Jpn. J. Vet. Sci., 46, 339-344 (1984)

Yang, M. and Cook, M. E. Exp. Biol. Med., 228, 51-58 (2003)

索　引

A-Z

Actinomyces necrophorus	17
A. pyogenes	4, 7, 9, 197
Arcanobacterium pyogenes	4, 178, 197
Bacteroides fragilis	83, 173
Bacteroides necrophorus	17
Bergey's Manual	17, 18, 25, 29, 35, 36
B. fragilis	84, 86, 173
B. funduliformis	17
B. pseudonecrophorus	17
Cowan and Steel's Manual	4, 12
E. coli	28, 31, 84, 164, 167, 169
EDTA	31, 74, 77, 78, 79, 83, 99
Enterobacteriaceae	7, 8
Escherichia coli	27, 83, 164
F. necroophorum subsp. *funduliforme*	30, 33, 35, 41, 42, 51, 53, 54, 55, 56, 57, 58, 59, 62, 63, 66, 67, 68, 69, 70, 71, 72, 73, 74, 75, 76, 78, 80, 81, 82, 83, 84, 86, 87, 88, 89, 90, 91, 92, 94, 95, 96, 97, 98, 100, 101, 102, 103, 104, 105, 115, 116, 117, 122, 129, 130, 131, 132, 133, 134, 140, 141, 148, 168, 171, 172, 173, 196
F. necrophorum subsp. *necrophorum*	30, 32, 33, 35, 41, 42, 44, 45, 46, 51, 52, 53, 54, 55, 56, 57, 58, 59, 60, 62, 63, 64, 66, 67, 68, 69, 70, 71, 72, 73, 74, 75, 76, 77, 78, 79, 80, 81, 82, 83, 84, 85, 86, 87, 88, 89, 90, 91, 92, 93, 94, 95, 96, 97, 98, 100, 101, 102, 103, 104, 105, 106, 107, 115, 116, 117, 118, 120, 121, 122, 123, 124, 125, 126, 128, 129, 133, 134, 135, 136, 137, 138, 140, 141, 142, 143, 144, 146, 147, 148, 149, 150, 151, 163, 165, 168, 169, 171, 172, 173, 174, 175, 177, 196
F. pseudonecrophorum	28, 30
Fusiformis necrophorus	17
Fusobacteium necrophorum	3, 17, 30, 37, 42, 47, 51, 157, 187, 197
Fusobacterim necrophorum subsp. *funduliforme*	32
Fusobacterim necrophorum subsp. *necrophorum*	32
Fusobacterium pseudonecrophorum	26, 29
Fusobacterium varium	30
gyrB	30, 34, 35
IL-1 β	165, 166, 167, 197
IL-5	198
IL-6	165, 166, 167, 197, 198
IL-8	198
in vitro	57, 58, 79, 81, 170
in vivo	57, 81, 170
Lactobacillus	190, 191, 192
Listeria monocytogenes	78
LPS	75, 76, 79, 80, 81, 82, 87, 93, 97, 110, 129, 148, 149, 150, 151, 152, 153, 159, 160, 161, 163, 164, 165, 166, 167, 168, 169, 170, 173, 176, 177, 196, 197
LTB-4	198
Medium 10	8, 9, 12
Megasphaera elsdenii	191
M. elsdenii	192
PGE$_2$	198
RAPD-PCR	33, 43, 44
Rumenitis-liver abscess complex	122, 134, 157, 180, 183, 200
S. bovis	190, 191, 192, 193
Seremonas ruminantium	191
serum amyloid A	165
S. funduliformis	17
SOD	82, 83, 84, 85, 86, 87, 93, 110, 172, 173
Spherophorus necrophorus	17
Spherophorus pseudonecrophorus	29
S. pseudonecrophorus	17
Streptococcus bovis	190
Streptococcus sanguis	78

TNF-α	147, 165, 166, 167, 197, 198
TXB$_2$	198
VPI Manual	4, 17, 41, 42, 44

ア行

RAPD-PCR分析	42
全培養菌液接種	123, 128, 129
亜急性ルーメンアシドーシス	160, 161, 189, 192
アグリゴメーター	73, 74
アシドーシス	158, 159, 160, 161, 171, 189, 193
亜種の同定法	41
アスピリン	74, 77, 78, 79
アポトーシス	147, 163, 164, 165, 166, 167, 174
アラキドン酸	73, 77, 78, 110
アラキドン酸カスケード	73, 77, 78
アラキドン酸代謝系	79
アロンアルファA	123
EOS菌	3, 8, 9, 11, 12, 86
1菌種3生物型	17, 29
一次感染	162
一重項酸素	170
異物	87, 161, 162, 171, 189, 193
牛肝膿瘍	3, 5, 12, 17, 23, 25, 31, 51, 86, 105, 115, 118, 120, 122, 123, 129, 135, 138, 140, 141, 142, 144, 149, 151, 171, 187
牛肝膿瘍の発症機構	122
牛の肝膿瘍	1, 3, 11, 18, 82, 85, 117, 128, 137, 147, 155, 157, 178
牛の急性アシドージス	158
ウマの血液	20
エイコサノイド	166
A型集落	22
エーテルの吸入麻酔	123
API 20Aキット	41, 42
AB型集落	22, 33
液体培地おける発育性状	41
液体培地における発育性状	23, 28
易熱性のタンパク	105
SOD活性	82, 83, 84, 85, 86, 172, 173
SOD活性値	86, 172
SOD活性値と肝膿瘍形成	86, 173
*S. bovis*の抗体投与	193
S1ヌクレアーゼ法	31
エセンシャルオイル	197
エセンシャルオイル投与	188, 191
X^{2}検定	144
エッセンシアルオイル投与	188
FL細胞	67, 68
*F. necrophorum*生物型A	3, 4, 5, 7, 8, 9, 11, 12, 25, 26, 28, 30
*F. necrophorum*生物型B	4, 9, 12
MDBK細胞	67, 68
LPS結合タンパク	159, 161, 165
LPS前処理マウス	148, 149
LPSの活性	168
LPSの肝臓障害	163, 177
LPSの抗貪食機能	175
LPSのマウス肝臓毒性	148
LPS誘導性肝障害	165, 166
炎症性サイトカイン	165, 166, 167, 197
エンドトキシン	82, 158, 159, 160, 161, 163, 164, 165, 166, 167, 168, 169, 170, 194, 195
O$_2$不含CO$_2$	8, 9, 12, 93, 135, 136

カ行

化学発光値	93, 94, 96
過酸化水素	83, 170
カタラーゼ	27, 31, 82, 83, 84, 85, 87, 110, 172
カタラーゼ活性	83, 84
ガドリニウム	166
加熱菌体の赤血球凝集価	62
加熱処理外膜タンパク	99
加熱外膜タンパク	102
カルバクロール	191
肝細胞傷害	151
肝細胞障害	87, 147, 163, 164, 165, 173
肝細胞毒性	129, 166, 168, 169, 174, 178
肝細胞のアポトーシス	166, 167
感染経路対策	188, 189, 199
感染源対策（原因菌対策）	187

索引 205

肝臓側の要因	122, 141	菌の回収臓器	25
肝臓障害因子	193, 194	クックドミート培地	53, 55
肝臓内の微小循環	82, 151	クッパー細胞	119, 121, 128, 130, 132, 133, 142, 143, 145, 147, 149, 151, 163, 164, 165, 166, 167, 168, 169, 170
寒天加生理食塩水菌浮遊液	142		
寒天添加菌液	141, 142, 143		
寒天添加群	138, 139	クラスター	33, 34, 35
寒天濃度と肝膿瘍形成率	137	グラム染色	22, 138
寒天無添加群	138, 139	クロルテトラサイクリン	188
肝膿瘍	1, 3, 5, 6, 7, 8, 9, 11, 12, 13, 17, 18, 23, 24, 25, 31, 44, 45, 46, 47, 51, 58, 59, 64, 65, 80, 82, 83, 85, 86, 87, 88, 105, 106, 107, 111, 113, 115, 116, 117, 118, 120, 122, 123, 124, 125, 126, 127, 128, 129, 130, 131, 132, 133, 134, 135, 136, 137, 138, 139, 140, 141, 142, 144, 145, 146, 147, 148, 149, 150, 151, 152, 155, 157, 158, 161, 162, 171, 173, 177, 178, 179, 183, 187, 188, 189, 190, 191, 193, 194, 195, 196, 197, 198	形態学的障害	92
		系統発生学的分析	33
		血球凝集素	62, 63, 72, 78, 105, 177
		血球凝集反応	19, 20, 22, 23, 24, 59, 60, 61, 102
		血小板活性化因子	82, 151
		血小板凝集	79
		血小板凝集活性	79
		血小板凝集性	72, 74, 78, 79
		血小板凝集素	76, 78, 79
		血小板凝集能	72, 75, 76, 79, 80, 151, 152, 168, 171
肝膿瘍形成	3, 11, 12, 59, 65, 80, 82, 86, 105, 106, 107, 115, 116, 117, 122, 123, 125, 126, 128, 129, 130, 132, 134, 135, 136, 137, 138, 139, 140, 141, 144, 145, 146, 147, 148, 149, 151, 152, 155, 157, 158, 162, 171, 179, 189, 195, 196	血小板凝集抑制実験	79
		血小板減少	72, 80, 82
		血栓形成	72, 80, 82, 87, 151, 170, 173
		原因菌の肝臓への侵入	141, 144, 157, 161, 171, 189
		原因菌の門脈内侵入防止	189
		嫌気性菌の酸素耐性	82, 172
肝膿瘍形成能	65, 105, 115, 117	嫌気性菌の増殖	11, 80, 87, 122, 137, 141, 148, 151, 173, 195
肝膿瘍の発生機序	162		
肝膿瘍発生率	158, 187, 188	嫌気性菌の病原因子	82, 85, 172
肝膿瘍予防の試み	106	限局性膿瘍	24
鑑別性状	19, 28, 29	抗菌剤投与	190
希釈駅B	8	子牛ジフテリア	105
基準株	28, 30, 32, 33, 34, 35, 42, 43, 51, 52, 53, 54, 55, 57, 58, 60, 63, 67, 69, 73, 74, 75, 76, 77, 80, 81, 83, 84, 88, 89, 90, 91, 92, 95, 98, 106, 115	抗生物質の飼料添加	187, 191
		高速ホモジナイザー	60, 61, 63
		酵素処理外膜タンパク	100, 102
		コラーゲン	73, 78, 81, 175
キナクリン	74, 77, 78, 79	コラーゲン溶解性細胞壁成分	175, 178
ギムザ染色	67, 88		
牛血小板凝集性試験	74		
急性肝壊死	169		
急性第一胃炎	158, 161, 189		
急性ルーメンアシドーシス	160, 161		
共役リノレイン	197, 198		
キレート剤	79		
菌形態	22, 23, 26, 27, 41	細菌の病原因子	51, 58
		細胞質分画トキソイドによる免疫	196

サ行

細胞毒性	87, 92, 111, 129, 165, 166, 168, 169, 175, 178
細胞内生残能	93
細胞付着性	55, 72, 85, 93, 97, 105, 108
細胞付着能	66, 68, 69
サブロー寒天培地	4
酸化的バースト阻止	176
酸素高感受性菌	3
酸素耐性時間	84, 172
酸素耐性能	86, 173
酸素耐性	83, 85, 172
GAM寒天培地	27, 63
GAMブイヨン培地	53, 55, 56
Ca^{2+}イオン	79
Ca^{2+}依存	73
CO_2置換スチールウール法	8, 9, 63
CO_2置換スチール法	51
CCl_4前処理マウス	144
CCl_4の肝臓毒性	146
CW寒天培地	31
*gyrB*遺伝子	30, 34
シオネール	197
趾間腐爛	105
シクロゲナーゼ	78
シクロゲナーゼ阻害薬	79
試験管法	60, 63
自然死菌液の赤血球凝集価	62
ジヌソイド	119, 121, 124, 126, 128, 130, 140, 141, 142, 143, 145, 146, 168
重曹	193
十分条件	141, 144, 157, 194
集落および菌形態	27
集落性状	41
16S-23S rRNA遺伝子間スペーサー領域	30
種の同定法	41
シュワルツマン反応	148, 158, 169
食細胞内での生残	93, 117, 176
食細胞の脱顆粒阻止	176
植物の子刺	162
諸性状比較一覧	25
飼料添加剤	187
浸潤性壊死	24, 143
スーパーオキサイド	170, 172
スライドグラス法	19, 63
*Streptococcus*属	4, 7, 8, 11
スムース型LPS	175, 176
生化学的性状	26, 27, 34
生菌剤投与	192
生残にかかわる菌側因子	172
生物学的・生化学的同定法	41, 47
生物学的性状	18, 25
生物学的分類	17, 25, 35
生物型A	3, 4, 5, 7, 8, 9, 112, 17, 18, 21, 22, 23, 24, 25, 26, 27, 28, 30, 31, 32, 63, 174, 196
生物型AおよびB	18, 26, 28
生物型C	18, 21, 26, 27, 28, 29, 30
生物型B	4, 9, 18, 21, 22, 23, 24, 26, 27, 28, 30, 31, 32, 63, 174, 175, 196
赤血球凝集素	72, 78, 105, 170, 171, 177
赤血球凝集能欠損株のマウス病原性	64
赤血球凝集能欠損変異株	64, 65
接種菌数と膿瘍形成	134
セロトニン	79
全菌(生菌,死菌)による免疫	195
洗浄菌液接種	124, 128, 130, 143, 144, 147
線毛	60, 62, 63, 65, 105
走査型電子顕微鏡	72, 73
相変異	19, 25
疎水結合能	97
疎水性	55, 69, 70, 72, 85, 109
外膜タンパク	65, 98, 99, 100, 101, 102, 103, 104, 105, 106, 107, 112, 196
外膜タンパク抗体処理菌体	100, 104
外膜タンパクの赤血球凝集試験	99, 100, 102
外膜タンパクの電気泳動	99, 100
外膜タンパクの電気泳動像	105
外膜タンパクのVero細胞毒性	100, 104
ソムノペンチール	123

タ行

第一胃炎	122, 140, 158, 161, 162, 171, 189, 191, 193
第一胃内の原因菌の制御	187

Type A、BおよびC	17
タイロシン	187, 188
脱線毛菌	60, 62
他発性感染症	187
短桿菌	22
炭酸ガス置換スチールウール法	123
単臓器型（Univisceral type）反応	169
チオグリコレート培地	53, 55
チオペプチン	190
チモール	191
長桿菌	22, 32, 41
ツベルクリン	79
DHL寒天培地	4
DNA-DNA相同性	26, 27, 29, 30, 34
DNA-DNAホモロジーレベル	32
低酸化還元電位部の存在	177
定量的溶血活性	54, 57
テトロナシン	190
デンドログラムグラム	33
動物の化膿性病巣	105
動物の皮毛	162
ドーム状集落	41
トキソイドワクチン	197
リプトソイ寒天培地	3, 9
トロンビン	78
トロンボキサンA2	78

ナ行

内因性（自発性）感染症	187
内毒素血症	79, 158, 165, 168, 170
2亜種の鑑別性状	41, 69
二次感染	162
28ゲージ注射針	123
乳酸アシドーシス	159, 189, 192
乳酸産生菌	190, 191, 192, 193
乳酸産生菌の抑制	190, 191
乳酸産生菌の制御	193
ニワトリ赤血球凝集性	18, 28, 31, 41, 62, 63, 64, 71
ヌクレオチド配列	30, 34
熱融解点法	31
粘膜のバリヤー機能	189, 190

濃厚飼料多給	3, 122, 161, 163, 171, 189
膿瘍	3, 4, 5, 6, 7, 8, 9, 11, 12, 13, 17, 18, 23, 24, 25, 31, 44, 45, 46, 47, 51, 58, 59, 64, 65, 80, 83, 85, 86, 87, 88, 105, 106, 107, 111, 113, 116, 117, 118, 119, 120, 121, 122, 123, 124, 125, 126, 127, 128, 129, 130, 131, 132, 133, 134, 135, 136, 137, 138, 139, 140, 141, 142, 144, 145, 146, 147, 148, 149, 150, 151, 152, 155, 157, 158, 161, 162, 169, 171, 173, 175, 177, 178, 179, 183, 187, 188, 189, 191, 193, 194, 195, 196, 197, 198
膿瘍形成	3, 11, 12, 59, 65, 80, 82, 86, 105, 106, 107, 115, 116, 117, 119, 122, 123, 125, 126, 128, 129, 130, 132, 134, 135, 136, 137, 138, 139, 140, 141, 144, 145, 146, 147, 148, 149, 150, 151, 152, 155, 157, 158, 162, 171, 173, 175, 179, 189, 193, 194, 195, 196
膿瘍の好発部位	124

ハ行

バージニアマイシン	188, 191
培養時間と赤血球凝集価	61
培養上清接種	127, 133, 134
培養上清による免疫	195
*Bacteroides*属	4
バシトラシン	188
Phase A、BおよびC	17
播種性血管内凝固症候群（DIC）	72
反応温度と赤血球凝集価	61
BM寒天培地	4
B型集落	22
PCRによる検出同定法	44
BPPY寒天培地	21
BPPY培地	24, 53, 55, 69, 99, 106, 115
微小壊死形成	82, 151
微小循環障害	167, 168, 169, 170, 195
尾静脈内接種	80, 118, 121, 152
尾静脈内接種法	115, 118
ビタミンA欠乏	171
ビタミンAの補給	198
必要条件	141, 144, 157, 194
微的嫌気的環境	137, 151, 157

被貪食細菌数	90
被貪食性	87, 93
ヒマワリ種子	198
病原因子	51, 55, 57, 58, 72, 85, 93, 98, 106, 115, 117, 172, 173, 178
フィトヘマアグルチニン反応	198
付着素	97, 105, 106, 177
付着能	65, 106, 141
付着能と病原性	65, 68
腹腔内滲出細胞	88, 90, 91, 92, 93, 94
腹腔内滲出細胞の生存率	91
腹腔内接種法	115, 118
プライマーTP1-TP2	45
プライマーWIL-2	42, 43, 44
プラズマ細胞	119, 124, 127, 130, 139
*Brucella*属	175
Plate-in-bottle法	8, 9, 12
プロテアーゼ	178
プロスタグランジンの合成	166
プロスタグランヂンH2	78
プロスタグランヂンG2	78
プロバイオテイックス投与	192
分子遺伝学的同定法	42
分子遺伝学的分類	26, 36
ペプチドグリカン	79
*Peptococcus*属	4
ヘモリジン	175, 177, 178, 197
Vero細胞毒性	100, 104
Vero細胞付着試験	104
Vero細胞付着性	103, 105
Vero細胞付着阻止試験	100
変性肝細胞	139
扁平ラフ型集落	41
変法FM培地	4
ホスホリパーゼA2	77, 78, 79
ホスホリパーゼB活性	178
補体介在性殺菌	176

マ行

Marmurの方法	31
マイクロタイター法	19, 99
マウスに対する病原性	23, 24, 28, 176
マウスの門脈内	130, 133, 140
マウス尾静脈	80
マクロファージ	86, 87, 89, 90, 91, 92, 94, 95, 96, 119, 121, 124, 126, 127, 130, 139, 145, 146, 164, 165, 166, 167, 168, 172, 174, 176
マクロファージの活性化	167, 197
マンニット食塩培地	4
水/n-オクタン2相法	69
ミトコンドリア	164, 170
免疫学的予防	195
免疫能増強	187, 197
網内系	150, 151
モネンシン	187, 190
門脈経路	11, 117, 122, 137, 140, 151
門脈内接種	115, 122, 123, 124, 125, 128, 129, 131, 132, 149, 151, 152
門脈内接種法	115, 122, 123, 129
門脈内に接種	123, 125, 127, 128, 129, 130, 133, 134, 136, 140, 145, 148, 150
門脈内への移行抑制	194

ヤ行

宿主対策	188, 190, 200
宿主の防御機構を障害	174
宿主の免疫応答障害	176
宿主側要因	157, 179
ユーゲノール	191
癒合阻止	176
溶血活性	21, 33, 41, 51, 52, 53, 54, 55, 56, 57, 58, 107
溶血性	17, 18, 20, 28, 30, 51
溶血素	51, 55, 56, 57, 58, 59, 177

ラ行

ラサドシル	190
ラフ型LPS	97, 175
卵黄寒天培地	31
ランダムプライマー	33, 42
リパーゼテスト	31
流血中血小板数	80

ルーメンアシドーシス	160, 161, 171, 188, 189, 190, 191, 193, 194	ルーメンパラケラトーシス	158, 171
ルーメン内エンドトキシン	159, 160, 194	ルーメンパラケラトージス	122, 158
ルーメン内原因菌の制御	188	ルーメン病変	135, 157, 158, 175
ルーメン内原因菌の増殖抑制	188	ルミノール依存性化学発光	93
ルーメン内微生物	157, 191	レルドマイシン	191
ルーメン内pHの調整	193	ロイコシジン	78, 87, 93, 106, 173, 174, 175, 177, 178, 196
ルーメン発酵正常化	192		

あ と が き

　私と嫌気性菌との出会いは1959年に東大大学院に進み、研究テーマを決める際、当時の家畜細菌学講座教授の越智勇一先生から示されたテーマの中から「*Clostridium*菌属に関する研究」を選んだ時に始まりました。在学中、*Clostridium*菌属に関する研究を続け、博士課程修了後、日本学術振興会の奨励研究生に応募したときは推薦文を書いて下さり、さらに１年間研究を続けることが出来ました。また、新しく創設された宮崎大学農学部細菌学研究室の助手応募の際にも推薦文を書いて下さり採用となり、退職まで宮崎大学で嫌気性菌の研究を続ける事ができました。その間の私の研究生活は越智勇一先生の恩恵を感じながらのものでした。今回出版しました「壊死桿菌と牛の肝膿瘍」が先生の恩情に少しでも報いることが出来ればとの思いがあります。
　本書、第Ⅱ章の分類学的研究の２亜種提案の研究は理化学研究所（和光市）の「国際フロンティア研究システムフローラ研究チーム」の研究員（非常勤）として理化学研究所で行ったものです。私を研究チームに加えて頂いた研究チームリーダーの光岡友足博士と共に研究を進めて下さった藤澤倫彦博士には現在も感謝の気持ちを持ち続けています。
　本書は宮崎大学の微生物研究室で私とともに卒業論文、修士論文と博士論文作成に従事された多くの卒業生、修了生の協力によるもので、苦楽をともにした皆様に心から感謝をいたします。
　本書の表紙の牛の写真は宮崎大学附属自然共生フィールド科学教育研究センター住吉フィールド（牧場）で撮影させていただきました。場長の福山喜一教授をはじめ職員の皆様のご協力をいただきました。記して感謝を申し上げます。
　宮崎市内で旧知の足立泰二先生と偶然お会いしたのが縁で、「壊死桿菌と牛の肝膿瘍」を先生が理事長をしておられる大阪公立大学共同出版会で出版して頂くことになりました。先生のご尽力によりトントン拍子にことが進み、短期間で出版の運びとなりました。足立泰二理事長をはじめ同出版会の並々ならぬご支援に心からお礼を申し上げます。

2015年９月７日

著者近影

<著者略歴>
1959年　宮崎大学農学部獣医学科卒業
1964年　東京大学大学院博士課程修了
1964-1965年　日本学術振興会奨励研究員
1965年　宮崎大学農学部助手
1969-1970年　フランス・リールパスツール研究所留学
1971年　同 助教授昇任
1981年　同 教授昇任
1982-2001年　宮崎医科大学講師（非常勤）
1989-1991年　理化学研究所（和光市）国際フロンティア研究員（非常勤）
1987-1989年　宮崎大学附属図書館長
2002年　宮崎大学退職、名誉教授

<著書>
「腸内細菌学」朝倉書店、「未経産牛乳房炎」学窓社、「腸内フローラと感染症」学会出版センター、「獣医学大辞典」チクサン出版社、「獣医伝染病学」近代出版、「新編獣医微生物学」養賢堂、「最新家畜微生物学」朝倉書店、「獣医感染症カラーアトラス」文永堂出版、「動物の感染症」近代出版、「人獣共通感染症」医薬ジャーナル社（全て分担執筆）

OMUPの由来

大阪公立大学共同出版会(略称OMUP)は新たな千年紀のスタートともに大阪南部に位置する5公立大学、すなわち大阪市立大学、大阪府立大学、大阪女子大学、大阪府立看護大学ならびに大阪府立看護大学医療技術短期大学部を構成する教授を中心に設立された学術出版会である。なお府立関係の大学は2005年4月に統合され、本出版会も大阪市立、大阪府立両大学から構成されることになった。また、2006年からは特定非営利活動法人(NPO)として活動している。

Osaka Municipal Universities Press(OMUP)was established in new millennium as an association for academic publications by professors of five municipal universities, namely Osaka City University, Osaka Prefecture University, Osaka Womens's University, Osaka Prefectural College of Nursing and Osaka Prefectural College of Health Sciences that all located in southern part of Osaka. Above prefectural Universities united into OPU on April in 2005. Therefore OMUP is consisted of two Universities, OCU and OPU. OMUP has been renovated to be a non-profit organization in Japan since 2006.

壊死桿菌と牛の肝膿瘍

2015年12月10日　初版第1刷発行

著　者　新城　敏晴
発行者　足立　泰二
発行所　大阪公立大学共同出版会（OMUP）
　　　　〒599-8531　大阪府堺市中区学園町1−1
　　　　大阪府立大学内
　　　　TEL　072(251)6533　FAX　072(254)9539
印刷所　和泉出版印刷株式会社

©2015 by Toshiharu Shinjo, Printed in Japan
ISBN978−4−907209−45−2